U0158996

高压设备检测技术

输电线路绝缘子高光谱检测技术

彭兆裕　沈　龙　马御棠　马　仪　潘　浩　等　著

西南交通大学出版社
·成　都·

图书在版编目（CIP）数据

输电线路绝缘子高光谱检测技术 / 彭兆裕等著. —
成都：西南交通大学出版社，2021.6
　　ISBN 978-7-5643-8088-5

Ⅰ. ①输… Ⅱ. ①彭… Ⅲ. ①输电线路 – 绝缘子 – 光
谱 – 检测　Ⅳ. ①TM726

中国版本图书馆 CIP 数据核字（2021）第 126405 号

Shudian Xianlu Jueyuanzi Gaoguangpu Jiance Jishu

输电线路绝缘子高光谱检测技术

彭兆裕　沈　龙　马御棠　　　　 责任编辑 / 李芳芳
　　　　　　　　　　　 / 等 著
马　仪　潘　浩　　　　　　　　　 封面设计 / 吴　兵

西南交通大学出版社出版发行
（四川省成都市金牛区二环路北一段 111 号西南交通大学创新大厦 21 楼　610031）
发行部电话：028-87600564　　　028-87600533
网址：http://www.xnjdcbs.com
印刷：四川煤田地质制图印务有限责任公司

成品尺寸　185 mm×240 mm
印张　8　　字数　156 千
版次　2021 年 6 月第 1 版　　印次　2021 年 6 月第 1 次

书号　ISBN 978-7-5643-8088-5
定价　58.00 元

《输电线路绝缘子高光谱检测技术》

编 委 会

主要著者　彭兆裕　　沈　龙　　马御棠　　马　仪
　　　　　　　潘　浩

其他著者　钱国超　　周仿荣　　王　欣　　杨宏伟
　　　　　　　张恭源　　马宏明　　王浩州　　邹德旭
　　　　　　　颜　冰　　黑颖顿　　何　顺　　周兴梅
　　　　　　　杨明昆　　王　山　　崔志刚　　邱鹏锋
　　　　　　　洪志湖　　代维菊　　文　刚　　陈　伟
　　　　　　　耿　浩　　胡　锦　　曹　俊　　岳　丹
　　　　　　　陈云浩　　杨凯越　　史玉清　　孙董军
　　　　　　　洪　飞　　朱　良　　王清波　　李　骞
　　　　　　　杨　猛　　李　滔　　吴国天

前言

PREFACE

高压直流输电具有大容量、长距离、电网互联方便、功率调节容易、输电走廊窄等优点，因此，在远距离、大容量电能传输、非同步电网互联、新能源接入电网、海上平台供电、城市中心区域供电等应用场合具有明显优势。我国地域广阔，存在着经济发展地理分布与能源资源分布不协调的问题，为满足不同地区的电力需求，保障能源的安全可靠，大力发展高压直流输电技术尤为重要。

绝缘子是输变电设备中数量最多、类型最丰富、运行环境受到大气环境影响最明显的电气元件。虽然其结构简单，制造成本相对较低，但其重要性不亚于电力系统其他设备和器件。输电线路上运行的绝缘子串出现闪络问题会造成线路故障，甚至较长时间停电，对电力系统的安全运行、工农业生产及人们的日常生活造成危害。绝缘子积污所导致的绝缘性能下降以及污闪，严重威胁输电线路的安全运行。随着国家经济快速发展，环境污染日益严重，绝缘子表面污秽的积累在所难免，同时特高压工程的大力建设也为外绝缘防污工作带来了新的要求和挑战。因此，为了保障电力系统安全可靠的运行，需要相关单位对绝缘子表面污秽进行定期检测以制订清扫、更换方案。

本书针对输电线路绝缘子污秽、老化等缺陷，介绍了输电线路绝缘子污秽、老化缺陷的高光谱检测技术，从高光谱检测技术及数据采集分析流程、污秽情况基础光谱特性、同类型污秽成分下的绝缘子积污程度检测、输电线路绝缘子污秽分布特性图谱检测、高光谱特征的绝缘子老化程度诊断等方面对该技术进行阐述，并详细介绍了高光谱遥测技术的现场应用。本书可作为电网企业及设备厂家从事输电线路绝缘子设备生产、管理、运行、试验的技术人员全面了解高光谱检测技术的专业书籍，同时可供电力企业相关专业技术人员参考。

由于编者水平所限，书中疏漏之处在所难免，恳请读者批评指正。

作 者
2021 年 3 月

目 录
CONTENTS

输电线路绝缘子污秽程度检测

1.1 背 景

高压直流输电具有大容量、长距离、电网互联方便、功率调节容易、输电走廊窄等优点，因此，其在远距离、大容量电能传输、非同步电网互联、新能源接入电网、海上平台供电、城市中心区域供电等应用场合具有明显优势。我国地域广阔，存在着经济发展地理分布与能源资源分布不协调的问题，为满足不同地区的电力需求，保障能源的安全可靠，大力发展高压直流输电技术尤为重要。

近年来，我国电力系统装机容量和输电线路电压等级得到快速发展，自舟山直流输电项目后，我国建设了葛南超高压直流输电工程、复奉特高压直流输电工程以及灵宝背靠背联网工程。目前，我国已投运直流输电工程占世界直流输电容量的 20% 以上，已经成为直流输电工程大国。随着中国坚强电网的推进，2010—2020 年将有 92.85 GW 的直流传输容量被安装，其中 62.93% 是 ±800 kV 等级的特高压直流传输系统。自 2005 年 2 月，±800 kV 等级直流输电工程的前期研究工作在全国范围内启动，我国众多特高压直流输电工程已陆续投入建设。2018 年 1 月，"特高压 ±800 kV 直流输电工程"获 2017 年国家科技进步奖特等奖，这是继 2013 年 1 月"特高压交流输电关键技术、成套设备及工程应用"获得该奖项后，特高压输电技术再次获此殊荣。目前省级域网装机容量已超过 10 000 MW，1 000 kV 交流输电线路及 ±800 kV 直流输电线路已投入运行。绝缘子是输变电设备中数量最多、类型最丰富、运行环境受到大气环境影响最明显的电气元件。虽然其结构简单，制造成本相对较低，但其重要性不亚于电力系统其他设备和器件。输电线路上运行的绝缘子串出现闪络问题会造成线路故障，甚至造成较长时间的停电，这对电力系统的安全运行、工农业生产及人们的日常生活会造成危害。绝缘子积污所导致的绝缘性能下降以及污闪，严重威胁输电线路的安全运行。据统计，自 1990 年以来，我国电力系统出现的较大面积污闪事故从未间断过。2001 年 2 月，我国华北、东北等地区出现大面积的线路故障，大雾、雨雪等天气先后引起 500 余串绝缘子污闪，造成线路、变电站污闪跳闸近千余次，仅河南、辽宁两省损失的电量就达 10 030 MWh；2006 年 2 月，河北省邯郸市受大雾天气影响，多地同时出现供电设备故障，线路、变电站共计跳闸近百次，电量损失 193.61 MWh。随着国家经济的快速发展，环境污染日益严重，绝缘子表面污秽的积累在所难免，同时特高压工程的大力建设也为外绝缘防污工作带来了新的要求和挑战。因此，为了保障电力系统安全可靠的运行，需要相关单位对绝缘子表面污秽进行定期检测并制订清扫、更换方案。

我国经济和社会发展较快，大气污染日益严重，煤矿、发电厂、冶炼厂、化工厂等严重的煤烟型污秽，建筑、道路等沙尘型污秽，沿海高盐密型污秽是造成输变电设备电瓷外绝缘污闪事故频发以及绝缘材料老化劣化的重要原因。绝缘子自然积污后，在雾、露、毛毛雨及酸性湿沉降等气象条件下电气强度将会明显下降，容易导致绝缘子表面放电，严重情况下可因闪络导致大面积、长时间停电事故，成为我国电力系统安全运行的主要威胁之一。

目前，各种防污措施对于污闪的预防都不是十分理想的原因之一在于电力维护人员不能及时准确地掌握绝缘子污秽及老化状况，因此，绝缘子污秽以及老化状态的可靠检测以及在线监测是绝缘子闪络事故防治工作中非常重要的一环。绝缘子污秽在线监测是电力系统高电压领域的一个热门课题。通过检测运行中绝缘子污秽状态来预测污闪的发生，从而能够在发生污闪之前及时实施绝缘子表面污秽的清扫或带电水冲洗工作，这样既可以减少清扫或带电水冲洗的盲目性，提高工作效率，又能够降低污闪发生的几率。可靠的污秽程度检测可以确保污区划分准确，从而为输变电设备外绝缘设计和绝缘子选型提供科学依据，是防止大面积污闪事故的基本保证。在线监测能有效跟踪绝缘子污秽的变化过程，有助于鉴别绝缘子积污状态，可以为绝缘子选择和配置、外绝缘强度校核、有计划调爬、检修清扫和冲洗计划安排提供定量的科学依据，运行实践表明该方法能够有效防止污闪事故的发生。

国际电工委员会在《污秽地区绝缘子选择导则》中提出现场污秽程度测量可采用以下几种参数：污秽物的体积电导率、绝缘子表面的等值附盐密度、绝缘子的闪络次数、绝缘子的表面电导率和运行电压下绝缘子的泄漏电流。目前常用的表征污秽绝缘子运行状态的参数有三个：等值附盐密度，简称等值盐密（ESDD）或盐密，表面污层电导率（SPLC）和泄漏电流。相应地，常用的绝缘子污秽程度的人工检测方法如下：

1.1.1 等值盐密法

等值盐密是指绝缘子单位表面积上的等值 NaCl 盐量。它是对可电离物质所具有的电导性能加以定量测量，一般用在清洗后的污秽溶液中产生相同电导率的 NaCl 盐量来等价表示。

传统的等值附盐密度法须将绝缘子从杆塔上卸下，再用一定量的蒸馏水或去离子水，将附着在绝缘子表面的污秽物全部清洗掉，用适当的盐密测量仪测量污秽物溶液的盐密值和温度。等值附盐密度法操作复杂，且易受清洗用水量、清洗用水的纯度、测量所用的盐密测量仪的可靠性、污秽物的组成成分及性质、工作人员是否规范操作等因素影响。

1.1.2　表面污层电导率法

表面污层电导率法是先将绝缘子表面用蒸馏水喷湿，使绝缘子表面达到饱和受潮状态而污秽物不流失时，用探头在绝缘子表面的不同部位迅速测量表面电导率，再计算这些不同部位的表面电导率测量值的算术平均值，并将其作为整个绝缘子的表面电导率值的方法。这种方法能综合反映污秽程度及潮湿程度，且与污闪电压的相关性好。但是，表面污层电导率法受绝缘子形状影响较大，稍有不慎就会得出不合理的结果。而且，该法对测量仪器设备要求较高，例如测量时需要容量较大的电源和短时加压的控制设备，现场实施时很麻烦。因而，表面污层电导率法多用于人工污秽实验室对污秽程度的测量。

1.1.3　泄漏电流法

泄漏电流是指在运行电压作用下污秽受潮时测得的流过绝缘子表面污层的电流。在运行电压下遇到潮湿天气，污秽绝缘子上会出现局部电弧和较大的泄漏电流脉冲。绝缘子表面污秽越严重，出现泄漏电流的脉冲频度越高，幅值也越大。当污秽度一定时，泄漏电流又随电压的升高而增加，它是电压、湿润、污秽三者的综合反映，是真正的动态参数。泄漏电流法已开展多年，但在实际应用中仍存在一些问题。现场运行经验和人工污闪试验都表明，泄漏电流和现场污秽度没有确定的量化关系。首先，由于污闪过程中局部电弧时燃时灭，泄漏电流时大时小，与绝缘子污秽程度的定量关系仍需进一步研究；其次，泄漏电流的大小与绝缘子的受潮湿程度、绝缘子的类型、绝缘子串长、等值附盐密度、污秽成分等多种因素有关；再次，绝缘子泄漏电流受环境影响较大，如电晕、清洁绝缘子湿润后放电等。

在众多专家与学者的努力下，绝缘子检测技术由登杆拆卸检测向在线监测转变，由停电向带电检测发展，为电力系统绝缘子有目标的清扫污秽绝缘子做出重大贡献，大大减轻了现场工作人员的负担，同时使得实时了解绝缘子污秽状态成为可能。

但是，对某一个或一串绝缘子使用一套在线监测装置成本过大，在现场普遍使用的话代价过大，技术经济性不佳，因此，有必要提供一种能够大范围、快速检测输电线路绝缘子污秽及老化状态的方法。

　　随着光电技术的发展，非电气特征量逐渐应用于绝缘子污秽程度检测中，红外热像法、紫外成像法等光谱分析技术以其非接触式检测的优势，广泛应用于绝缘子污闪防治工作中。红外热像法通过红外热像图表征的绝缘子温度分布特征实现绝缘子污秽检测，但红外成像设备自身设备参数设置、设备误差以及设备使用情况不同都会带来不同的误差，导致红外成像温度与真实温度之间存在不可估测的偏差，且劣化绝缘子发热产生的红外辐射信号会对检测结果产生较大误差；紫外成像通过紫外图像呈现的放电光斑特征实现绝缘子污秽检测，但紫外成像波谱较窄，获取到的信息量少，难以用于绝缘子表面污秽状态的综合评估。高光谱成像技术是一种图谱合一、综合的影像分析技术，可在电磁波谱中的紫外至中红外区域的数十、数百个连续细密的光谱波段处对目标区域进行成像（见图 1-1），具有很高的分辨率，在农业监测、食品检测、考

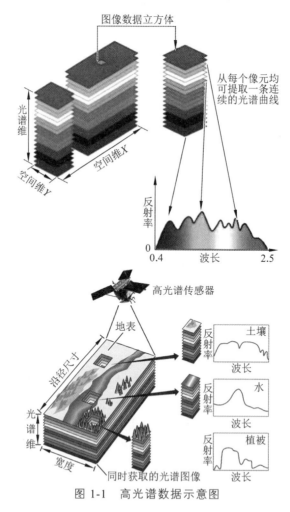

图 1-1　高光谱数据示意图

古调查、资源勘察等领域广泛应用。由于高光谱成像可以获得多个细密波段处的高光谱图像构成几近连续的光谱曲线，其在待测物上获取空间信息的同时又能获得比多光谱更加丰富的光谱数据信息，可反映物质对不同波长光的吸收、反射特性，对实现绝缘子表面污秽程度及分布的解析具有很大的应用潜力。

近年来，遥感遥测技术随着计算机技术的发展而广泛应用于众多领域，系统的构成也是存在巨大差异的，且该技术涉及信息科学的内容比较广泛，包括信息的敏感、采集、传送、加工等，因此，信息科学的进步也会极大地推动遥测、遥感技术的进步。遥感技术的形成是与传感技术、宇航技术、通信技术以及电子计算机技术的发展相联系的。遥感是以航空摄影技术为基础，在 20 世纪 60 年代初发展起来的一门新兴技术。开始为航空遥感，自 1972 年美国发射了第一颗陆地卫星后，标志着航天遥感时代的开始。20 世纪 50 年代我国开始了遥测、遥感技术研发工作，其主要应用在探空气球与气象火箭方面，而随着我国航空航天技术的飞速发展，遥感、遥测技术在这一方面也得到了广泛的应用。经过几十年的发展，我国有关遥感技术的发展一直处于世界先进水平，且随着该技术的不断进步，其应当的范围变得越来越广泛。从专业角度分析，遥感技术已经在日常生活中得到了利用，且发挥着十分重要的作用，例如海气预报和云图等。首先，在城市环境监测方面，随着城市化建设步伐的加快，城市环境问题成为了当下社会关注的热点，而遥感技术的应用对改善城市环境条件等具有十分重要的作用。例如，遥感技术的应用可以为相关部门提供准确的城市规划资料和图片，同时还可以对城市发展的动态变化进行实时的监测，为制定科学合理的城市规划方案提供参考资料。其次，在农业、林业方面，遥感技术的主要应用是对农作物的长势进行分析与估产、提高森林覆盖图等，同时还可以对土质情况进行一定的调查分析，如土壤的盐碱化和沙化程度等。例如，某地区利用遥感技术建立了林业资源动态检测系统，极大地提高了预防森林火灾等措施的科学性和合理性，同时对林业的进一步发展也具有一定的指导意义。总的来说，遥感技术已广泛应用于资源环境、水文、气象、地质地理等领域，成为一门实用的、先进的空间探测技术。其发展趋势表现在以下几个方面：① 进行地面、航空、航天的多层次综合遥感，建立地球环境卫星观测网络，系统地获取地球表面不同分辨力的遥感图像数据；② 传感器向全波段覆盖，立体遥感，器件固体化、小型化，高分辨率，高灵敏度与高光谱方向发展；③ 遥感图像信息处理实现光学-电子计算机混合处理及实时处理，图像处理与地学数据库结合，建立遥感信息系统，引进人工神经网络、小波变换、分形技术、模糊分类与专家系统等技术。

为减少污闪事故的发生，国内外投入了大量的研究，也形成了许多有效的方法，这些方法可以归纳为两种：一是针对污闪形成条件的预防性措施，其中适时地进行绝缘子清扫是送电线路防止污闪事故的有效措施之一；二是及时发现污闪出现的苗头，使工作人员能够及时采取相应措施的监测性方法。绝缘子是否需要清扫，主要决定于绝缘子表面的脏污程度，这通常可通过监测污秽沉积层的等值盐密度、表面电导率和泄漏电流等参数来考察。《架空输电线路运行规程》规定：110～750 kV 的架空输电线路绝缘子的清扫周期为 1～3 年，35 kV 架空线路及直流架空输电线路参照此标准执行。但是对于特殊地域环境、气象环境、污源附近的绝缘子清扫周期并没有详细的补充规定，因此，研究特高压直流绝缘子的积污特性，基于大量不同污秽程度、温湿度等环境下绝缘子闪络特性的统计，根据地理、气象、污源等信息提出差异化、区域化绝缘子污秽清扫方案，为维护单位提供科学、合理的清扫建议，对特高压直流输电工程的建设维护具有重要意义。

随着输电线路巡视方式由人巡＋机巡转变为机巡＋机载，机巡成为一种常态化的巡视方法。将绝缘子光谱遥测技术与机载巡检技术相结合，无人机搭载光谱仪对输电线路沿线进行谱图获取，分析输电线路沿线污秽状态，解析其污秽分布特性，其污秽测量结果可为输电线路污区分布图绘制提供参考。

1.2　绝缘子污闪研究

绝缘子污秽闪络特性受多种因素影响，如污层盐密、污层灰密、伞裙表面污秽分布状况、污秽成分等。其中，污秽程度和污秽成分与污闪特性有直接关系。当污秽程度增加，绝缘子闪络电压将下降，将污秽作为独立变量，则积污绝缘子的闪络电压与污秽盐密之间的关系如式（1-1）所示：

$$U = AS^{-b} \tag{1-1}$$

式中，A 为常数；S 为盐密；b 为污秽特征指数。

大量国内外试验研究结果表明，常数 b 值并不是固定的。通过不同类型绝缘子直流污闪试验结果分析得知：常数 b 的范围处于 0.3～0.33，并且不同类型绝缘子 b 的取值具有差异。部分研究通过不同盐/灰密下的绝缘子交直流污闪试验结果得知：在表面污秽盐密和灰密值相同的条件下，不同种类盐的污闪特性不同，并且常数 b 在交直流工况下取值不同，在直流下取值为 0.33，在交流下取值为 0.2。综上所述，绝缘子污秽附盐密度的检测对于关联污闪特性具有重要作用。

大量研究表明污层灰密对绝缘子闪络电压仍有一定影响。绝缘子不溶污秽含量会影响污层吸附的水分含量，从而导致污层受潮程度不同，对可溶物溶解后的导电能力有一定影响。在绝缘子污秽盐密相同时，不溶物种类和含量会影响绝缘子表面灰密，进而对盐密和污闪电压有较大影响。重庆大学通过闪络试验分析了盐密、灰密对

110 kV 合成绝缘子、不同型式绝缘子污闪特性的影响，试验研究表明，污秽盐/灰密对绝缘子闪络电压均有影响，随着盐/灰密的增加，绝缘子污闪电压呈下降趋势，盐/灰密对污闪电压的影响程度不同且独立，并基于此提出了污闪电压的校正公式，分析了盐密、灰密对污闪特性的特征指数及影响程度。综上所述，绝缘子污秽附灰密度的检测对于关联污闪特性具有重要作用。

污秽成分的差异也会对绝缘子闪络电压造成影响。国内外学者在研究中发现，不可溶性污秽、可溶性污秽在绝缘子污秽闪络特性试验研究中对闪络电压有一定的影响。同一成分的灰密（Non-soluble Salt Deposit Density，NSDD）大小会对绝缘子闪络电压造成影响，相同 NSDD、不同成分的灰密对闪络电压的影响不同；不同成分的可溶性污秽使得绝缘子表面的污层电导率存在差异，从而影响绝缘子串的闪络特性，且部分特殊成分的受热分解特性以及难溶性对绝缘子的闪络电压有明显影响。因此，为了更好地建立绝缘子污秽度与闪络电压的关系，对绝缘子污秽成分的识别具有重要意义。

绝缘子表面污秽分布对于闪络电压具有一定影响。实际运行中，由于绝缘子受到形状结构、材质、污源成分、所处地理环境以及安装位置的影响，绝缘子上下表面的污秽分布往往是不均匀的，不均匀程度一般由上下表面污秽总量之比得到，且一般绝缘子下表面的积污情况较上表面更为严重。绝缘子污秽分布不均匀性对绝缘子临界电流和临界闪络电压均会造成影响。有研究分别对钟罩型盘形瓷绝缘子以及长棒形瓷绝缘子开展上下表面污秽比为 1∶3、1∶5、1∶8、1∶10 的人工污秽试验，结果表明：对于长棒形瓷绝缘子，上、下表面污秽不均匀情况下其 50% 耐受电压（$U_{50\%}$）有所提高，且随着盐密增大，绝缘子污秽不均匀分布下污闪电压提高的比例有增大趋势；相同盐密下，钟罩型盘形瓷绝缘子上、下表面污秽分布不均匀时污闪电压提高的比例比长棒形瓷绝缘子提高的比例高出 15%～25%。综上所述，绝缘子表面污秽的不均匀分布仍是污闪问题中需要关注的重点，同时获取污秽的盐密、灰密及污秽分布状态等特征参量对研究和分析污闪问题大有裨益。

1.3 绝缘子污秽检测方法

接触式检测方法评估绝缘子污秽程度常用的表征参数有等值附盐密度、泄漏电流、表面污层电导率、污闪电压与污闪梯度等。以常用表征参数为参考，绝缘子检测方法有等值盐密法、泄漏电流法、表面污层电导率等。等值盐密是目前电力系统最广泛使用的污秽程度表征参数，利用等值盐密作为统一评价参数划分污秽等级、编制污区图对电网防治污闪事故有很大的帮助。然而经长期运行经验表明，使用等值盐密评估污秽程度仍存在诸多不足，等值盐密测量时需按照标准不断擦洗绝缘子表面，每次擦洗后的脱脂棉花放入定量去离子水中，直至污秽洗净，且整个过程还要避免污秽和水分的丢失。溶解污秽的用水量为 100～300 mL，与盘式绝缘子饱和受潮时仅 10～20 mL 的附水量存在很大差异，且由于忽略了灰密的影响，无法反映绝缘子表面污秽分布情况。

泄漏电流易于检测，信息量丰富，也被广泛应用于绝缘子污秽状态监测。泄漏电流的幅值、有效值、平均值及脉冲统计量、相角差值和谐波特性等参数可用来表征绝缘子的污秽程度、湿润程度和放电特征。泄漏电流是反映绝缘子结构材质、污秽程度、环境湿润条件、电压等多因素综合影响的动态参数。然而也正因为如此难以直接建立泄漏电流和污秽程度间的定量关系，部分参数对于不同电压等级、结构材质的绝缘子无法通用，限制了泄漏电流法的应用。此外，测量中电源一般由高压整流设备供给，泄漏电流由微安表直接测量，这对实验设备、环境和测量仪器要求较高。

表面污层电导率是绝缘子积污和受潮两个因素共同作用的表征参量，与污闪电压相关性较好，也被应用于绝缘子污秽检测中。但是，其测量时需要的测量设备复杂，难以对绝缘子的受潮情况进行控制，不便于现场测量。为更好地应用表面污层电导率法对绝缘子进行污秽检测，局部表面电导率的提出提高了测量的精度，并可以得到绝缘子表面污秽的分布情况。通过研制的局部电导率仪测量简便，但需要在绝缘子表面进行多点测量，难以满足线路绝缘子在线检测的需求。

随着我国能源互联网的发展，传统的绝缘子污秽检测方法已经不能满足电力系统自动化、智能化发展的要求。为了实现绝缘子污秽状态快速、无损的检测评估，保障系统安全稳定运行的同时减少线路运维支出，电力公司及相关科研单位在绝缘子污秽的非接触检测方面进行了积极探索，做了大量的理论、应用研究。目前，绝缘子污秽的非接触式检测方法主要有红外热像法、紫外成像法、紫外脉冲法、可见光图像法。

红外热像法利用泄漏电流流过污秽层会引起异常温升的特点，通过图像处理技术分析绝缘子红外图像的图像特征，确定绝缘子表面污秽状态，从而实现绝缘子的污秽检测。部分研究应用红外热像法检测绝缘子的污秽等级，通过图像处理算法完成了绝缘子红外图像的降噪、分割和特征提取，并基于关联度最大相似准则对处理后的图像进行了污秽等级评定。试验结果表明，红外热像应用于绝缘子污秽等级检测有效可行。部分学者研究了瓷绝缘子污秽的红外热像检测方法，采用二步法、改进 Otsu 分割算法处理绝缘子热像图，并基于 BPNN 建立了污秽等级的判别系统，实现了绝缘子污秽等级的有效识别。此外，由于绝缘子表面温度受环境湿度、太阳辐射、悬挂方式等因素的影响较大，利用红外热像法进行检测对环境的要求较为严格，大面积的推广应用还需进行更深入的研究。

　　紫外成像法利用紫外成像仪检测绝缘子表面放电辐射出的紫外光信号，并通过算法处理紫外图像光斑特征以表征其表面放电情况，在一定程度上可以建立紫外特征与绝缘子表面积污状态的关系。一些研究基于提取的光斑面积、光斑重复次数等绝缘子紫外图像特征建立了应用 FIS 方法的污秽状态评估模型，实现了绝缘子状态较为准确的评估。有学者应用紫外图像法检测棒瓷绝缘子的污秽状态，基于光斑面积百分比建立了评估模型，实现了棒瓷绝缘子的污秽状态评估。由此可见，紫外成像法在绝缘子污秽状态检测方面具有较好的工程应用价值，但由于绝缘子表面放电特性较为复杂，其除了受污秽程度的影响外，环境湿度、材质因素都有可能影响检测的精准度。

　　紫外脉冲法与紫外成像法均是检测绝缘子表面放电时产生的紫外信号，不同之处在于，该方法将光信号转化为电脉冲信号而不是二维图像，相较之下响应速度更快、线性度较好，但无法准确判断放电位置。部分学者应用紫外脉冲法对绝缘子进行在线监测，根据紫外脉冲的异常变化及时发现了劣化或污秽严重的绝缘子，提出了放电次数、放电强度等特征与环境温、湿度条件相结合的绝缘子污秽状态判断方法。有学者设计的紫外脉冲检测系统，研究了绝缘子污秽分布与放电脉冲的对应关系，构建了综合考虑脉冲数、运行环境、工作年限等多个因素的污秽状态评估体系，可为绝缘子制定及采取防污闪措施提供参考依据。但是，由于紫外脉冲法也是基于绝缘子表面的放电特征间接实现污秽的检测，所以同样存在与紫外成像法相同的问题。

　　可见光图像法根据绝缘子盘面的彩色可见光图像，提取其图像的颜色特征来直接反映绝缘子污秽状态，具有受温、湿度影响小的优点。一些研究者应用可见光图像法提取图像 HSV 色彩空间特征分量实现了绝缘子的污秽等级检测，初步验证了该方法的可行性。在此基础上，有研究提取了可见光图像 RGB 色彩空间的特征量，通过核主元分析、粒子群优化等算法进行污秽等级识别，提高了识别的准确率。也有研究利用图像处理技术对可见光图像进行分割、降维并滤除干扰，并用 BPNN 模型实现了绝缘子污秽等级判别。由此可见，可见光图像法可以直接表征绝缘子表面污秽信息，但可见光图像包含的初始信息较少、数据基数小，因此，该算法对图像采集的质量要求较高。

　　综上所述，国内外学者为实现绝缘子污秽程度检测尝试了各种检测手段，由这些检测方法可知现在的污秽检测方法发展趋势逐渐由接触式检测方式发展为非接触检测方式，由电气特征量表征逐渐发展为非电气量表征，由人工检测、主观分析逐渐发展为特征成像、算法处理，从而更加高效、客观地分析和检测绝缘子污秽状态。图像处理方法、算法模型构建不断更新、发展，使得图像分析处理特征的优势愈加明显，此外，图像的可视化功能使得检测结果更加直观。

1.4 绝缘子老化/劣化检测方法

硅橡胶绝缘子在长期户外运行中，会受到物理、化学以及放电因素共同影响而发生不同程度的老化，对绝缘子的各种性能造成不同程度的影响，若不加以管控，随着伞裙老化程度的加深，最终可能导致伞裙绝缘失效，甚至导致绝缘子退役乃至线路事故的发生，给电网安全稳定运行埋下隐患。因此，对运行硅橡胶的老化情况进行检测和评估，在对老化绝缘子进行监控和排除劣化绝缘子方面具有重要的意义。根据检测性能类别可以将检测手段分成宏观性能检测和微观结构检测两种。目前的常规手段包括外观检查、憎水性测试、闪络电压测试、机械负荷耐受试验、红外成像、紫外成像、硬度测试、泄漏电流测量、超声检测法等。随着科学的发展，现在出现更多的新型表征，如利用电子扫描显微镜、X射线光电子能谱、傅里叶红外光谱对硅橡胶进行微观分析，利用热刺激电流法和等温电流衰减法测量硅橡胶陷阱特性等。

1.4.1 宏观性能测量方法

在硅橡胶老化过程中，其外观性能会出现明显的变化，如常见的发白、发黑、开裂、粉化等，外观的变化往往伴随宏观性能方面的变化。宏观性能相比微观变化容易用肉眼观察到，也相对容易测量。加之电力行业更关心与电气性能直接相关的性能，如材料的憎水性以及泄漏电流等。因此，对硅橡胶宏观性能的测量方法相对成熟，电力行业中也有较多关于这方面的研究和测量标准，其中使用较多的有以下几种：

1. 憎水性测量

憎水性测量法按照评价标准和实验方法可以分为喷水分级法和静态接触角测量法两种。喷水分级法又称HC法，通常是将水喷洒在绝缘子伞裙表面，观察伞裙表面水珠的形态，水珠形态越规则、分布越均匀，则HC分级越低，表明表面憎水性能越好。喷水分级法操作简便，实验过程比较方便快捷，因此适合在现场检测中使用；但是测试的精确度较低、误差较大，而且肉眼观察的判断标准存在主观差别。除此之外，当样品表面出现粉化现象，HC法测量结果偏差较大。因此，喷水分级法在准确性方面存在一定的局限性。

静态接触角测量法，是将水滴滴在绝缘子表面，当水滴达成平衡时测量水、空气以及材料表面相交处的倾斜角，倾斜角越大，则水滴形态越圆，表明憎水性越好。相比喷水分级法，静态接触角测量法的准确度有了极大的提高，因此被大量应用在实际硅橡胶表面憎水情况评估中。静态接触角测量方法的缺点是对实验仪器及其操作都有一定的要求，而实验步骤也相对比较复杂。除此之外，在粉化样品表面憎水性测量方面仍然存在不足。

2. 泄漏电流测量

泄漏电流测量法是通过测量绝缘子表面的泄漏电流幅值及其谐波含量变化情况，对伞裙表面的憎水性、耐污性进行评价的试验方法。研究表明，泄漏电流越大，意味着样品表面电阻率越小，表面结构越疏松，因而憎水性越差，样品老化越严重。泄漏电流测试法在对硅橡胶老化程度的测量精度方面有了进一步提高，对绝缘子老化情况的描述比较有代表性。但该方法的测量结果容易受污秽及气候条件影响，同时还存在测试设备比较昂贵的问题，因此适合在实验室内进行相关的测量。

3. 盐密灰密测试法

盐密灰密测试法是通过计算等值盐密以及等值灰密对伞裙表面的污秽覆盖情况进行评估。等值盐密可以根据绝缘子表面可溶性污秽电导率计算单位面积 NaCl 质量，并对质量和样品表面积求比值得到。灰密是不溶性污秽与样品表面积的比值。盐密灰密测试方法的实验操作相对比较简单，但在测试准度方面存在一定的不足，实验误差相对比较大。

1.4.2 微观结构检测方法

硅橡胶宏观检测方法虽然比较直观，测量相对容易，但对老化成因的探索方面存在一定的局限。硅橡胶绝缘子宏观性能归根到底是由其结构所决定的，在绝缘子老化过程中，必定伴随微观结构方面的变化，这些变化随着时间逐渐累积，进而在宏观方面表面出相关的性能变化。因此，相比宏观检测手段需要绝缘子老化至一定程度才能实现检测目的，微观检测方法能相对更早地发现绝缘子的缺陷以及老化迹象，进而对老化程度及老化原理实现更精确的掌控，并实现对劣化绝缘子的排除。目前实验室使用的微观检测手法相对较多且日趋成熟，在此选取其中具有代表性的微观结构检测方法进行简单介绍。

1. 红外光谱法

红外光谱方法作为研究硅橡胶绝缘子化学结构常用的手段，其基本原理为红外光入射到材料中，分子吸收与其振动频率匹配的光发生跃迁。由于化学基团与其吸收的红外特征频率存在对应关系，因此可以通过红外光谱吸收峰的位置识别化学基团种类，并根据峰强的变化定量评估基团的生成或损耗情况。红外光谱具有无损检测、特征性高、分析时间短以及测试用量少等优点。

在硅橡胶中存在的化学基团主要有主链的 Si—O—Si、侧链的—CH_3 以及 Si—CH_3，在红外光谱中可以观测到与 Si—O、Si—C 以及 C—H 等相关的红外吸收峰。在硅橡胶老化过程中，红外光谱对这些基团变化的测量十分灵敏，因此，红外光谱被广泛利用在硅橡胶绝缘子老化过程中化学基团变化的相关研究中。

2. 扫描电子显微镜

扫描电子显微镜主要用于观测硅橡胶材料表面微观形貌变化情况，其主要原理为将加速的电子聚焦在样品表面，产生的二次电子、倍反射电子、X 射线等信号被接收后放大，并与显像管荧光屏上亮点一一对应。在硅橡胶老化过程中，表面微观形貌会出现明显的变化，如出现裂痕和孔洞等，甚至还有析出的填料，这些微观形貌变化一般需要累积到一定程度才能出现相应的宏观现象，但往往在宏观现象出现前，硅橡胶相关性能已受到明显影响。因此，利用扫描电子精确测量硅橡胶表面微观形貌变化的实验方法被广泛应用于硅橡胶老化程度的评判。

3. X 射线光电子能谱

X 射线光电子能谱（XPS）基于光电效应，通过测量被入射的 X 射线激发的原子内层电子的电子能量，根据光电子能谱分析样品表面元素组成情况，具有元素标识性强、无损检测以及灵敏度高等优点。硅橡胶主要组成成分为 C、Si、O、H、Al，当硅橡胶绝缘子在运行过程中发生老化，可能出现断链、氧化、交联等化学变化，各元素的比例以及原子能态会发生相应的变化。因此，X 射线光电子能谱通过精确测量元素组成被大量应用于硅橡胶材料老化程度评估以及老化成因探究等工作中。

4. 热刺激电流法

热刺激电流法（TSC）主要通过测量硅橡胶陷阱能级及电荷量评估硅橡胶的老化情况。主要试验方法是：首先在恒定温度下对样品进行电场极化激发载流子，再骤降温度并撤去电场以固定样品中的载流子；然后进行线性升温释放载流子，并测量此时样品两端短路电流。由于在硅橡胶绝缘子运行过程中会伴随着氧化作用的发生以及化学结构的变化，样品表面往往会出现微观孔洞和缺陷，导致绝缘子憎水、力学性能下降，进而引发老化。因此，可以使用热刺激电流法测量硅橡胶材料老化过程中的陷阱变化，并根据结果评估绝缘子表面老化情况。

由于宏观测试手段和微观测试手段表征的老化特征各不相同，而硅橡胶绝缘子老化过程中往往同时出现多种老化现象，因此，在实际应用中往往采取微观表征手段和宏观表征手段相结合的方法，以实现全面反映硅橡胶绝缘子老化特征及其老化规律的目的。

上述方法均为直接测量法，表现出来的明显不足是测量效率较低，常需要工作人员登杆操作取样，十分不便，安全系数也不高。这样一来，非接触式在线监测的方法显示出明显优势。非接触式主要包括紫外成像法、红外成像法和 X 射线成像法等，不过这些方法也仍存在一些缺陷，如紫外成像和红外热像是通过测量电、热这种间接信号的特性来反映绝缘子状态，且紫外成像必须在夜间进行，不利于检测的开展。因此，寻找一种更加便捷直接的非接触、快速无损伤检测硅橡胶材料老化的手段，对于维护电力系统安全稳定运行具有重要意义。

1.5 高光谱检测技术

高光谱成像技术是建立在成像光谱学基础上的全新综合性遥感技术，集光谱分光技术、光电转换技术、空间成像技术、探测器技术、精密光学技术、微弱信号检测技术、光学成像技术与计算机处理技术于一体。

1.5.1 高光谱成像技术的特点

（1）波段多且宽度窄，能够使得高光谱遥感探测到别的宽波段无法探测到的物体。

（2）光谱响应范围更广和光谱分辨率高，能够更加精细地反映出被探测物的微小特征。

（3）可以提供空间域和光谱域信息，即"谱像合一"。

（4）数据量大，信息冗余多。由于高光谱数据的波段多，故其数据量较大，且其和相邻波段的相关性比较高，使得信息冗余度大大增加。

（5）高光谱遥感的数据描述模型多，分析更灵活。经常使用的 3 种模型有：图像、光谱和特征模型。

1.5.2 高光谱成像的优势

随着高光谱成像光谱分辨率的提高，其探测能力也有所增强。因此，与全色和多光谱成像相比较，高光谱成像有以下显著优著：

（1）有着近似连续的地物光谱信息。高光谱影像在经过光谱反射率重建后，能获取与被探测物近似的连续的光谱反射率曲线，与它的实测值相匹配，将实验室中被探测物光谱分析模型应用到成像过程中。

（2）对于地表覆盖的探测和识别能力极大提高。高光谱数据能够探测具有诊断性光谱吸收特征的物质，能准确地区分地表植被覆盖类型、道路地面的材料等。

（3）地形要素分类识别方法多种多样。影像分类既可以采用如贝叶斯判别、决策树、神经网络、支持向量机的模式识别方法，也可以采用基于被探测物的光谱数据库的光谱进行匹配的方法。分类识别特征既可以采用光谱诊断特征，也可以采用特征选择与提取。

（4）地形要素的定量和半定量分类识别将成为可能。在高光谱影像中能估计出多种被探测物的状态参量，大大提高了成像高定量分析的精度和可靠性。

光谱信息主要是由地物在不同波长范围下的反射率组成。利用高光谱成像测量技术直接识别地物类型的主要依据是地物表面与太阳电磁波相互作用而形成的可诊断的光谱吸收特征，具有稳定化学组分和物理结构的地物则具有较稳定的本征光谱吸收特征。大量的理论和实验表明，这种光谱吸收特征的成因主要是在太阳电磁能量的激发下，地物内部的电子跃迁和分子振动过程对电磁能量的吸收作用。根据矿物物理学和结构化学理论，电子过程产生的光谱吸收谱带一般较宽缓，主要是由岩石矿物中存在的铁、铜、镍、锰等过度金属元素的电子跃迁引起的。而分子振动过程产生的吸收谱带较尖锐，在短波红外区段内的地物的光谱吸收特征主要由羟基、水分子、碳酸根和硫酸根等基团振动光谱产生。高光谱数据的光谱分辨率比宽波段遥感高出 10 倍，在宽波段上无法反映出这些光谱特征，但在高光谱影像上很容易识别。

电子能级之间的能量差距一般较大，产生的光谱仅次于近红外、可见光。在 400 ~ 1 300 nm 波谱内的光谱特征主要取决于矿物中存在的铁等过渡性金属元素；1 300 ~ 2 500 nm 波谱范围内的光谱特征由矿物中的碳酸根、羟基及可能存在的水分子决定；3 ~ 5 μm 的中远红外波段的光谱特征则是由 Si—O、Al—O 等分子键的振动模式决定。

通过搭载在不同空间平台上的高光谱传感器，即成像光谱仪，在电磁波谱的紫外、可见光、近红外和中红外区域，以数十至数百个连续且细分的光谱波段对目标区域同时成像。在获得地表图像信息的同时，也获得其光谱信息，第一次真正做到了光谱与图像的结合。与多光谱遥感影像相比，高光谱影像不仅在信息丰富程度方面有了极大的提高，在处理技术上，为对该类光谱数据进行更为合理、有效的分析处理提供了可能。因此，高光谱成像技术具有巨大的影响及发展潜力，不仅引起了遥感界的关注，而且引起了其他领域（如医学、农学等）的极大兴趣。高光谱图像具有更加丰富的物质光谱信息，可以详细地反映待测物细微的光谱属性，在食品检测、农作物监测、考古调查等领域也发挥着重要作用。

在食品检测方面，爱尔兰皇家科学院 Da-Wen Sun 等利用高光谱成像技术对牛肉、猪肉颜色、持水率、嫩度及羊肉品种等进行了研究，开发了图像处理算法，建立了分析模型预测高光谱图像中样本的化学成分，以像素为单位准确地对样品分类结果进行可视化表达，为高光谱成像技术应用于肉质检测提供了理论依据。浙江大学朱逢乐等应用近红外高光谱成像技术，用一种新的变量提取方法 Random Frog 选择特征波长，并基于特征波长分别建立水分检测的偏最小二乘回归（PLSR）和最小二乘支持向量机（LS-SVM）模型，实现了三文鱼肉水分含量的快速无损检测。

在农作物监测方面，北京师范大学顾志宏利用地面高光谱数据寻找大麦植株氮素含量的特征波段，基于植株氮含量与大麦籽粒蛋白质含量之间的相关关系，构建了大麦籽粒蛋白质含量的高光谱预测模型，证明了高光谱信息预测大麦籽粒蛋白质含量可行性。华南农业大学郑志雄等利用 HyperSIS 高光谱成像系统采集了受稻瘟病侵染后不同病害等级的水稻叶片高光谱图像，通过主成分分析（Principal Component Analysis，PCA）法、最大类间方差法分析水稻叶片高光谱图像，对水稻叶瘟病病害程度进行分级，为稻瘟病抗性鉴定方法提供了新思路。

在考古调查方面，中国文化遗产研究院周霄等利用高光谱成像技术对云冈石窟砂岩的风化状况进行分类和识别，在 ENVI 平台下对砂岩的风化状况分布进行分级可视化表述，结果表明，高光谱技术可用于砂岩的粉状风化状况估测。北京建筑大学侯妙乐等总结了高光谱影像技术在彩绘文物研究中涉及的主要处理流程、技术方法及应用范围，证明了高光谱成像技术在彩绘文物研究中的可行性和独特优势。目前，高光谱技术绝缘子检测方面的应用还鲜有研究，中国电力科学研究院文志科等在研究国内外复合绝缘子检测方法的基础上，引入高光谱遥感技术检测复合绝缘子的运行状态，并通过试验验证了此方法的可行性。

高光谱技术作为一种新的、科学有效的检测工具，以其快速、无损、高效的优势实现了绝缘子污秽状态的准确检测，上述建模、研究方法及思路对采用高光谱遥测技术检测绝缘子污秽程度具有一定的参考价值。因此，围绕高光谱遥测技术开展绝缘子污秽检测研究，提出绝缘子污秽状态非接触、无损伤、快速检测方法，为输电线路绝缘子污秽检测及污闪预防提供技术支持，具有重要的实际意义。

高光谱检测技术及数据采集分析流程

2.1 试验装置及系统简介

2.1.1 高光谱成像原理

　　光谱分辨率在 10 nm 以内的光谱图像称为高光谱图像，而高光谱图像技术是在遥感技术的基础上发展起来的。经过 20 世纪后半叶的发展，遥感技术无论在理论上、技术上还是应用上都发生了很大的变化。高光谱成像技术是建立在成像光谱学基础上的全新综合性遥感技术，集光谱分光技术、光电转换技术、空间成像技术、探测器技术、精密光学技术、微弱信号检测技术、光学成像技术与计算机处理技术于一体。它有机地结合了传统的二维成像技术和光谱技术，具有超多波段、光谱高分辨率和图谱合一的特点，采用高光谱图像技术获得的数据可以用"三维数据块"来形象地描述。与图像技术相比，高光谱图像技术具有光谱信息，能获得被测物质的内部信息；同多光谱技术相比，高光谱图像技术通过分析物质的图像，不仅获得了更加丰富的信息，而且在数据处理上为光谱数据处理提供了更加合理和有效的分析方法。

　　二维物体的一条狭带通过成像镜头成像并通过光谱仪前置狭缝，然后光线经过一组透镜后成为在垂直于狭缝方向上的平行光。该平行光通过光谱仪中的透射光栅在垂直于狭缝的方向发生色散，变为在垂直于狭缝方向的随波长展开的单色光；该沿垂直于狭缝方向展开的单色光经过光谱仪的最后一组透镜成像到面阵 CCD 探测器上。因此，面阵 CCD 单次探测到的是一条狭带物体的光谱，其特点是平行于狭缝方向为狭带物体的灰度分布，而垂直于狭缝方向为像在光谱上的展开。因此，如果要完成对二维物体的光谱成像，需要将物体或成像光谱仪沿垂直于狭缝方向做一维扫描，将各个狭带依次成像后拼接为二维图像。高光谱成像原理如图 2-1 所示。

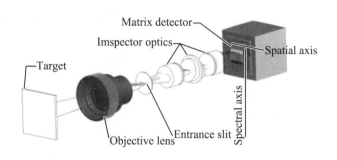

图 2-1 高光谱成像原理

推扫型成像光谱仪采用一个垂直于运动方向的面阵探测器，在运动平台向前运动的过程中完成二维空间扫描；平行于平台运动方向，通过光栅和棱镜分光，完成光谱维扫描。成像光谱仪每次采集的是目标上一条线的像，即每次只测量目标上一个行的像元的光谱分布，通过透射光栅分光使这条线上每个像素点对应一条完整的光谱，通过运动平台的运行，扫描合成得出整个目标包含的光谱信息图像。因此，每一幅来自光谱相机的图像结构包括一个维度（空间轴）上的线阵像素和在另一个维度（光谱轴）上的光谱分布。

图 2-2（a）（b）（c）分别是利用高光谱成像仪获取的部分波段的灰度图像，图 2-2（d）是利用 RGB 合成三幅图，使之成为我们肉眼见到的图像。在一些图像处理软件中，可以利用 RGB 合成方法，分别选取不同的波段组合进行图像显示，一些我们肉眼不可见的波段的图像也可以通过这种假彩色的形式展示出来。

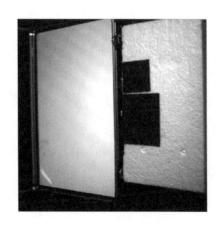

（a）470.1 nm 灰度图　　　　　　　　　（b）550.4 nm 灰度图

（c）640 nm 灰度图　　　　　　　　　　（d）RGB 三色图

图 2-2　高光谱成像灰度图像及 RGB 合成图

高光谱数据为三维数据，分别由图像坐标 x、y 以及波长坐标 λ 构成。高光谱信息既可以分析特定波长下成像区域不同位置的光谱数据，也可以反映某个像素点在不同波长下的光谱信息。高光谱信息既可以生成某个波长下的图像信息，也可以生成某个像素点在不同波段下的谱线。光谱信息示意图如图 2-3 所示。

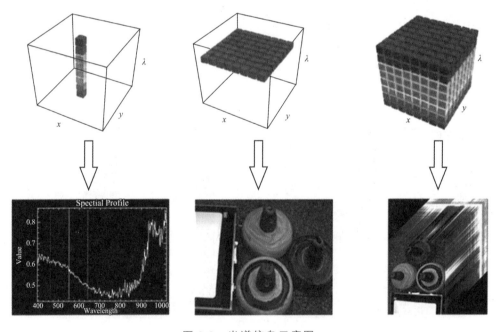

图 2-3　光谱信息示意图

三维光谱数据可以通过连续采集一系列不同波长下的光谱信息获得，也可以通过推扫式成像获得。推扫式应用较多，本试验系统采用的成像光谱仪也是基于推扫式进行数据采集。

2.1.2　光谱成像仪简介

本研究采用的成像光谱仪为双利合谱公司生产的 Gaiafield 型便携式地物成像光谱仪以及 Gaiasky-mini-NIR 近红外高光谱仪。

Gaiafield 型便携式地物成像光谱仪基于推扫式成像，其核心参数如下：光谱范围为 400～1 000 nm，像素尺寸为 6.45 μm×6.45 μm。成像光谱仪的实物图如图 2-4 所示。系统规格参数如表 2-1 所示。

图 2-4　成像光谱仪实物图

表 2-1　系统规格参数

项目	参数
二维平移台传动比	1∶5
水平最大移动距离	1.5 cm
垂直最大移动距离	1.0 cm
质量	2.5 kg
尺寸	230 mm×140 mm×130 mm

Gaiasky-mini-NIR 近红外高光谱仪（见图 2-5）适合大面积目标图像采集，空间分辨率高，光谱通道多，光谱分辨率高。其基于内置扫描成像，核心参数如表 2-2 所示：光谱范围为 900～1 700 nm，光谱分辨率为 8 nm。

图 2-5　Gaiasky-mini-NIR 近红外高光谱仪

表 2-2　近红外高光谱仪系统规格参数

项目	参数
光谱范围	900～1 700 nm
光谱分辨率	8 nm
全幅像素	640（空间维）×224（光谱维）
像素间距	15 μm
图像分辨率	640×480
质量	1.8 kg

2.1.3　数据采集系统介绍

　　数据采集系统的种类有很多，如通过采集置于暗箱中经扫描指定平面的暗背景数据、白板数据及试验样本原始数据的系统。如图 2-6 所示是一种实验室常用的高光谱成像系统，整个系统置于暗箱的目的是防止外界光线对于谱线信息采集的干扰。

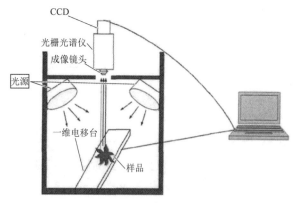

图 2-6　补光高光谱成像系统

本研究设计了适用于绝缘串的高光谱数据采集平台。云南地区 500 kV 输电线路中的绝缘串长度达到 5 m，重量大，对其进行高光谱数据采集的过程存在一定难度。因此，需要设计一套便于采集 500 kV 绝缘子高光谱图像的平台。

为了避免光照的影响，采用反光布及吸光背景布搭建拍摄暗室。根据绝缘串结构及尺寸，采用支架台用于水平放置绝缘串，并且通过支架台将校正白板放置在绝缘串下方，两侧采用卤素灯进行补光，高光谱仪通过三脚架调整角度对绝缘串表面进行图像采集。平台示意图如图 2-7 所示。

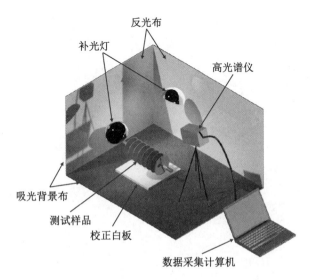

图 2-7　500 kV 绝缘串高光谱数据采集平台示意图

另一种高光谱成像方式是将白板与试验对象置于自然光下采集数据。此种成像系统对室外光照强度要求较高，一般在光照充足的天气下进行。考虑到实际中绝缘子是悬挂在输电线路上，因此，在后续的光谱数据处理上会和实验室采集系统不同。不过将试验区置于自然光下的数据采集方式更加贴近工程需求。图 2-8 是一种室外采集常用的高光谱成像系统，它只需要采集对象的光谱信息和对应光照强度下的光照信息，系统较为简单，但不可控因素较多，光谱数据受环境变化影响较大。

上述方案搭建高光谱数据采集系统，其主要组成部分为：成像光谱仪、校正白板、计算机等。数据采集流程为：将白板与目标物体置于数据采集区域，通过计算机软件控制成像光谱仪进行推扫数据采集，推扫过程中 USB 数据线将成像光谱仪推扫得到的数据实时传输到电脑，这样可同时采集目标物体的光谱数据。一种数据采集系统的实例图如图 2-9 所示。

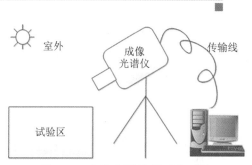

图 2-8　室外光谱数据采集系统

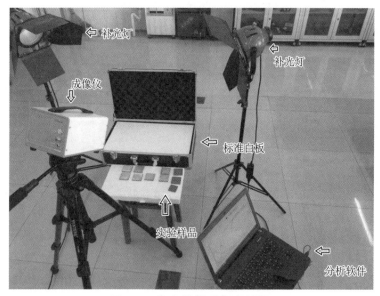

图 2-9　室内数据采集实例图

　　实验室采集光谱的实际操作过程中，由于各型号设备性能不一致，使用过程也有不同的注意事项：

　　（1）在未配置暗箱的情况下，选择在夜晚进行高光谱成像实验。

　　（2）防止补光灯对高光谱的直射，以免造成图像泛白和过度曝光。

　　（3）被采集样品应与标准白板置于同一水平面，防止成像对焦失败。

　　（4）成像仪镜头尽量保持垂直于样品拍摄，防止成像出现暗区。

　　本研究还将采用高光谱遥测系统，用于现场线路数据采集。

　　将大疆经纬 M600 pro 无人机（见图 2-10）作为高光谱仪搭载平台，能够提供超长续航及最大 5 km 的远距离、低延时高清实时影像与控制信号传输能力。其采用模块化设计，进一步提升了可靠性，使用更便捷，标配三余度 A3 Pro 飞控、Lightbridge

2 高清数字图传、智能飞行电池组和电池管理系统，支持多款 DJI 云台与第三方软硬件扩展，载重高达 6.0 kg，为影视航拍和无人机行业应用提供可靠的高性能飞行平台。其悬停精度高，垂直方向 ± 0.5 m，水平方向 ± 1.5 m，在负重情况下，最长能够悬停 16 min，能够有效完成高光谱遥测试验。

图 2-10　大疆经纬 M600 pro

在数据采集过程中，为保证高光谱仪的稳定，并且能够实现多角度采集，选用大疆 Ronin-MX 云台（如图 2-11 所示）控制高光谱仪进行遥测试验。其重量轻，旋转方向能够实现 360°控制，俯仰方向能够实现 + 270°/ – 150°控制，能够实现灵活地对线路绝缘子的数据采集。

图 2-11　大疆 Ronin-MX

无人机、云台与 Gaiasky-mini-NIR 近红外高光谱仪共同构成了高光谱遥测系统，如图 2-12 所示。

图 2-12   Gaiasky-mini-NIR 近红外高光谱仪无人机遥测系统

2.2 数据分析流程及软件介绍

2.2.1 高光谱数据预处理方法

在光谱图像采集过程中，由于仪器本身光敏单元响应的差异、光源变化或不均匀程度以及仪器本身不同程度暗电流和偏置的影响，覆污均匀的待测样品也可能输出不均匀强度的图像，影响后续样品图像数据的分析和处理。因此，在采集样品原始高光谱图像之后，需要对图像进行一系列预处理工作。

1. 数字量化值校正

DN 值是一个无单位的整数值，表征遥感影像像元亮度值。DN 校正主要是为了校正高光谱采集过程中由于环境光线变化而导致的 DN 变化，尤其是在室外拍摄时，虽然光强稳定在一定范围，但在成像时间内是在一定范围内不断变化的，不同样品拍摄时间点不同其 DN 值也是在变化的，其校正公式为

$$T_{Ri} = T_{Wi} \times \frac{T_{0i}}{T_{Li}} \qquad\qquad (2-1)$$

式中，T_R 为 DN 校正后的各样品高光谱图像；T_{0i} 是校正前的原始高光谱图像的每个波段 DN 值；T_{Li} 是校正白板（垂直放置）不同深度图像的每个波段 DN 值；T_{Wi} 是校正白板的白校正图像每个波段 DN 值；i 为 224 个波段。

2. 黑白校正

反射率是物体表面反射的辐射量和它接收的辐射量的比值，一般在 0~1 之间。不同的物质之间可以通过它们的反射光谱来识别，所以通常将图像定标为反射率图像，以便于识别不同的物质图谱特征。黑白校正主要是将 DN 校正后的样品高光谱图像校正成为强度均匀的图像，消除暗电流带来的噪声影响，校正前后提取谱线均以波长作为横坐标，校正前以 DN 值为纵坐标，校正后以样品光谱反射率为纵坐标，校正公式为

$$T = \frac{T_R - T_d}{T_W - T_d} \tag{2-2}$$

式中，T 为黑白校正后的各样品高光谱图像；T_W 为白校正图像；T_d 为黑校正图像。

3. 多元散射校正

多元散射校正（Multiple Scatter Correction，MSC）方法是现阶段多波长定标建模常用的一种数据处理方法，经过散射校正后得到的光谱数据可以有效地消除散射影响，增强了与成分含量相关的光谱吸收信息。

首先计算样品高光谱的平均光谱；然后将平均光谱作为标准光谱，每组样品的高光谱与标准光谱进行一元线性回归运算，求得各光谱相对于标准光谱的线性平移量（回归常数）和倾斜偏移量（回归系数），在每组样品原始光谱中减去线性平移量同时除以回归系数修正光谱的基线相对倾斜，从而使每个光谱的基线平移和偏移都在标准光谱的参考下予以修正，而和样品成分含量所对应的光谱吸收信息在数据处理的全过程中没有任何影响，所以提高了光谱的信噪比。下面为具体的算法过程。

（1）计算平均光谱：

$$\bar{A}_{i,j} = \frac{\sum_{i=1}^{n} A_{i,j}}{n} \tag{2-3}$$

（2）一元线性回归：

$$A_i = m_i \bar{A} + b_i \tag{2-4}$$

（3）多元散射校正：

$$A_{i(MSC)} = \frac{A_i - b_i}{m_i} \tag{2-5}$$

式中，A 表示 $n \times p$ 维光谱数据矩阵；n 为选取的样本数；p 为光谱采集的波段数；$\overline{A}$ 为所有样本的原始光谱在各个波段处求平均值所得到的平均光谱矢量；A_i 为 $1 \times p$ 维矩阵，表示单个样本光谱矢量；m_i 和 b_i 分别表示各样本高光谱 A_i 与平均光谱 $\overline{A}$ 进行一元线性回归后得到的相对偏移系数和平移量。

4. S-G 平滑滤波

在使用仪器获得光谱信息的时候，往往会夹杂噪声，所以需要采用一定的方法来平滑噪声。使用平滑滤波器对信号进行滤波处理，实际上是拟合了信号中的低频成分，而将高频成分平滑出去了。如果噪声在高频端，那么滤波的结果就是去除了噪声；反之，若噪声在低频段，那么滤波的结果就是留下了噪声。S-G 滤波作为常用的平滑滤波方法之一，最大的特点在于在滤除噪声的同时还可以确保信号的形状、宽度不变。

Savitzky-Golay 滤波器（简称为 S-G 滤波器）最初由 Savitzky 和 Golay 于 1964 年提出，发表于 Analytical Chemistry 杂志，之后被广泛地运用于数据流平滑除噪，是一种在时域内基于局域多项式最小二乘法拟合的滤波方法。用 Savitzky-Golay 方法进行平滑滤波，可以提高光谱的平滑性，并降低噪声的干扰。S-G 平滑滤波的效果，随着选取窗宽的不同而不同，可以满足多种不同场合的需求。

假设一组数据 $x[n]$，该数据以 $n = 0$ 为中心，共 $2M + 1$ 个，则可用如下的多项式来拟合：

$$p(n) = \sum_{k=0}^{N} a_k n^k \tag{2-6}$$

最小二乘拟合的残差为：

$$\varepsilon_N = \sum_{n=M}^{M} (p(n) - x[n])^2 = \sum_{n=M}^{M} \left(\sum_{k=0}^{N} a_k n^k - x[n]^2 \right) \tag{2-7}$$

$N = 2$，$M = 2$ 时拟合多项式，滤波的结果：

$$y[0] = p(0) = a_0 \tag{2-8}$$

根据以上公式可知重点在于获得拟合多项式的常数项。Savitzky-Golay 发现计算 a_0 相当于对原始数据进行一次 FIR 滤波，即可以利用卷积运算来实现。

$$y(n) = \sum_{m=-M}^{M} h[m] \times [n-m] = \sum_{m=n-M}^{n+M} h[n-m] \times [m] \tag{2-9}$$

5. 导数法

在使用光谱仪测量数据时，往往会受到大气效应、太阳光等因素的影响，多位学者通过实验证明用导数法处理光谱能够消除部分大气效应、太阳高度角、覆盖云层及地形引起的亮度变化。此外，导数法还可以消除基线漂移或者平滑背景干扰的影响，也可提供比原始光谱更高的分辨率和更清晰的光谱轮廓变换。

导数法即对光谱数据进行微分求导，不同阶数的导数值可以帮助人们迅速确定光谱的拐点及最大最小反射率的波长位置。曾有研究表明，光谱的低阶微分处理对噪声影响敏感性较低，因而在各阶导数中，一阶导数和二阶导数最为常用。

一阶导数的计算公式：

$$R'(\lambda_i) = \frac{R(\lambda_{i+1}) - R(\lambda_{i-1})}{\Delta\lambda}$$ （2-10）

二阶导数的计算公式：

$$R''(\lambda_i) = \frac{R'(\lambda_{i+1}) - R'(\lambda_{i-1})}{\Delta\lambda}$$ （2-11）

式中，λ_{i-1}、λ_i、λ_{i+1} 为每个波段的波长；$\Delta\lambda = \lambda_{i+1} - \lambda_{i-1}$，视波段波长而定；$R(\lambda_{i+1})$ 和 $R(\lambda_{i-1})$ 是对应波长处的光谱反射率；$R'(\lambda_i)$ 和 $R''(\lambda_i)$ 是波长为 λ_i 处光谱反射率经一阶及二阶导数变换后的值。

6. 倒数、对数、倒对数法

高光谱数据波段较多，为了从众多波段中选出更能反映光谱特征的曲线，可以将高光谱数据进行数学变换：倒数法、对数法、倒数对数法等。变换后的光谱曲线可以更好地突显光谱的反射、吸收特征，以便和其他光谱的特征进行区分，从而筛选出敏感波段。光谱数据经对数变换后不仅可以消除低频背景光谱的干扰，而且能减少因光照条件、地形等变化引起的随机因素影响。

倒数变换：

$$R\_recip(\lambda_i) = \frac{1}{R(\lambda_i)}$$ （2-12）

对数变换：

$$R\_log(\lambda_i) = \log_{10} R(\lambda_i)$$ （2-13）

倒对数变换：

$$R\_recip\_log(\lambda_i) = log_{10}[R\_recip(\lambda_i)] \qquad (2\text{-}14)$$

以上三式中，$R(\lambda_i)$ 是波长为 λ_i 处的光谱反射率，$R\_recip(\lambda_i)$、$R\_log(\lambda_i)$、$R\_recip\_log(\lambda_i)$ 分别是经过倒数、对数、倒对数变换后的光谱值。

7. 标准正态变量变换（SNV）

标准正态变量变换（Standard Normal Variate Transformation，SNV）是一种在固体样本反射光谱数据预处理中常用的方法，该方法可以用来校正样品间由散射引起的光谱误差。假设每条光谱中各波长下的吸光值满足如正态分布的特定分布，便可利用该假设对光谱进行一一校正。SNV 的校正是针对每一条光谱，其思路是：用原始光谱值减去光谱数据的平均值，再除以原始光谱数据的标准偏差，可表示为：

$$Z_i = \frac{x_i - \mu}{\sigma} \qquad (2\text{-}15)$$

式中，x_i 为原始光谱值；μ 为光谱数据平均值；$\sigma = \sqrt{\dfrac{\sum\limits_{i}^{n}(x_i - \mu)^2}{n-1}}$ 为光谱数据标准偏差；n 为波长点数。

从公式可以看出，SNV 的实质是对原始光谱进行标准正态化处理。

8. 矢量归一化（VN）

归一化的方法有：适量归一化、面积归一化、距离归一化、最小最大归一化等，其中矢量归一化（Vector Normalize，VN）是最常用的归一化方法，可用于消除光程或不同厚度等变化对样品光谱造成的影响。该方法的原理是先计算原始光谱与光谱平均吸光度值的差值，然后用处理后的光谱除以光谱值平方和的平方根。其计算式如下：

$$y_i = \frac{y_i - \overline{y}}{\sqrt{\sum(y_i - \overline{y})^2}} \qquad (2\text{-}16)$$

式中，y_i 为原始光谱值；$\overline{y}$ 为平均光谱值。

9. 连续统去除法

连续统去除法也叫去包络线法，最早是由 Roush 和 Clark 提出的。该方法定义为逐点直线连接随波长变化的吸收或反射凸出的峰点，并使折线在峰值点上的外角大于

180°，是对原始光谱曲线的归一化处理。经连续统去除法归一化后，将反射率光谱归一化到 0~1 之间（光谱反射率峰值点上的相对值均 1，非峰值点上的值均小于 1）。该方法能够突出光谱曲线的吸收和反射特征，并将其归一到一致的光谱背景上，有利于与其他光谱曲线进行特征数值的比较，从而提取出特征波段。具体算法为：

$$R_{cj} = \frac{R_j}{R_{start} + k(\lambda_j - \lambda_{start})} \qquad (2\text{-}17)$$

式中，$k = \dfrac{R_{end} - R_{start}}{\lambda_{end} - \lambda_{start}}$；$R_j$ 为第 j 个波段的光谱反射率；R_{start} 和 R_{end} 为光谱曲线起始和末端的原始反射率；λ_{start}、λ_{end}、λ_j 对应起始、末端、第 j 个波段号；R_{cj} 为第 j 个波段的包络线去除值。

2.2.2　高光谱图像校正

1. 大气校正

利用高光谱相机采集到的原始图像均是与环境光等光源相关的，表现出来的与相机自身有关联的光谱信息。对原始数据进行辐射度校准时，采用的国家计量院标定的标准光源积分球和相机自身来获取其对应的单帧数据帧，也就是对原始光谱曲线进行一个修正，还原原始光谱真实的特征信息，即利用一个修正参数文件来对实际采集的图像进行复原。

一般在户外进行测试使用时，考虑到自然光、水分、空气等因素，会使用大气校正，进而获取真实的地物的 DN 值信息。为了消除这些因素的影响，我们在无人机起飞之前，在拍摄区域放置一块经过国家计量院标定过的 2 m×2 m 灰布，在高光谱影像获取的时候，只需要在其中的一景高光谱影像中覆盖到灰布即可。消除大气、水汽等因素影响的方法如公式（2-18）所示。

$$R_{fixed} = \frac{R_{ref} \times R_{standard}}{R_{grayref}} \qquad (2\text{-}18)$$

式中，R_{fixed} 是消除大气、水汽等因素后的图像光谱反射率；R_{ref} 是经过黑白校正后的图像反射率；$R_{standard}$ 是经过国家计量院标定的灰布的光谱反射率；$R_{grayref}$ 是经过黑白校正后图像中灰布的光谱反射率。

图 2-13 是大气校正前后的光谱曲线。

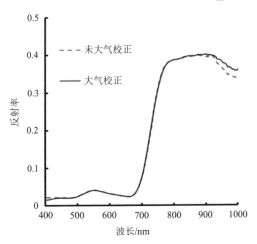

图 2-13　大气校正前后的光谱曲线

此步骤在采集软件 Specview 上批处理完成，如图 2-14 所示。

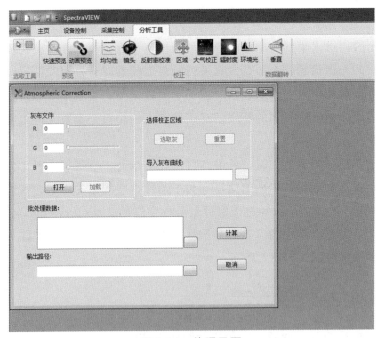

图 2-14　处理界面

2. 环境因子校正

光谱信息是各种信息的综合，一种物质的反射光谱不仅包含其物质信息，而且包含其环境信息、含量等信息，我们对需要的信息进行提取，对不需要的信息进行消除，其中一个方法就是进行校正。

发光强度和亮度的概念不仅适用于发光体，而且适用于反射体。而高光谱检测过程可以视为以反射体为光源的一个过程。取样部分像素点与相机成像部分相比，不能算无穷大，视为点光。距离变换会影响接收角度的变换，使之变小，照度则会增强；而距离变大，照度则会变小。因此，会有一个最佳位置点存在。同时，反射面与光接受面是否在一个法线上，拍摄角度同样会产生很大影响，加上本身光源的影响都会对高光谱信息接受产生影响。面光源接收光强示意图如图 2-15 所示。

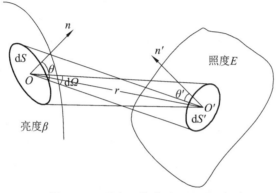

图 2-15　面光源接收光强示意图

为探究拍摄对绝缘子高光谱诊断的影响，对同一污秽绝缘子不同拍摄距离、拍摄角度情况进行高光谱图像采集，拍摄参数示意图如图 2-16 所示，获得的原始谱线如图 2-17 所示。

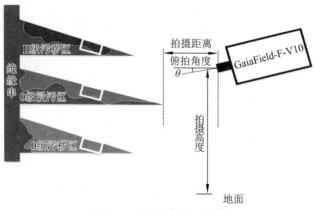

图 2-16　拍摄参数示意图

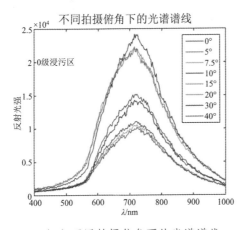
（a）不同拍摄俯角下的光谱谱线

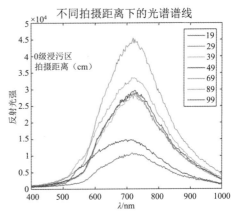
（b）不同拍摄距离下的光谱谱线

图 2-17　不同拍摄参数下的光谱谱线

　　根据试验结果可知，同一取样位置谱线在不同情况下的反射光谱分散性较大，不利于定标建模。造成异物同谱和同物异谱现象，需要对无关因素引起的谱线偏移进行校正。研究采用深度残差卷积自编码方法对预处理后的数据进一步处理，如图 2-18 所示，校正前后谱线图如图 2-19 所示。

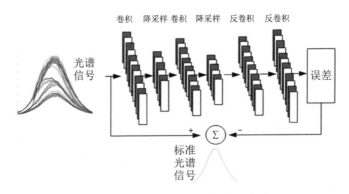

图 2-18　深度残差卷积自编码方法

　　经深度残差卷积自编码校正之后的不同污秽程度光谱谱线，较处理前的数据在类别区分度上有了明显的提高。

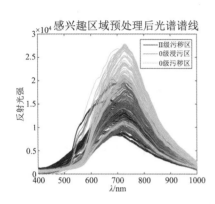

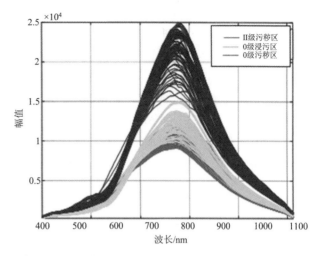

图 2-19　环境因子校正前后谱线图

2.2.3　高光谱数据特征波段提取方法

高光谱遥感图像具有大量的光谱波段，有助于地物的精细分类与识别；然而，波段的增加导致数据出现大量冗余，使数据处理复杂性急剧提高。因此，高光谱图像特征提取常被用作图像分类、混合像素分解、异常目标检测等高光谱应用的预处理过程。特征提取指通过不同的方法选取包含信息量大的波段或特征，以降低数据冗余度，因此，特征提取算法要求既能降低原始数据特征波段的数量，又能保留数据的主要信息。当光谱波段数增加时，特征波段的组合方式以指数增加，庞大的特征波段组合数目极大地影响了后续处理算法的运算效率。

1. 高光谱数据特征波段提取方法概述

目前，国内外学者在高维数据特征提取方面已经提出了一些较为成熟的算法，其中代表算法为主成分分析（Principal Component Analysis，PCA）和线性判别分析（Linear Discriminant Analysis，LDA）。主成分分析又称为 KL 变换，是一种非监督特征提取算法，主要思想是利用图像数据的统计量寻找一种线性变换，将原始数据集投影到新的特征空间，使得映射后的数据集互不相关。但通过主成分分析对数据进行预处理需要假设数据服从高斯分布，然而实际数据往往不是线性的，这使得算法丢失大量非线性信息。线性判别分析是另一种常用的监督特征提取算法，主要思想是假设高维数据空间有相同标号的数据具有相同的高斯分布模型，通过设计最优变换，令类间散布矩阵与类内散布矩阵的比值最大化，使具有相同标号的数据互相靠近，具有不同标号的数据互相远离。以上两种方法均为线性特征提取算法，将其应用到包含非线性特征的高光谱遥感数据时，会丢失原始数据集中的非线性信息。为了解决这问题，国内外学者先后提出了一些非线性特征提取算法。其中，核主成分分析的提出完成了线性变换到非线性变换的过渡，该方法的理论基础是模式可分性理论，即在低维空间中不可分的数据在高维空间中是线性可分的，主要思想是利用核函数将原始数据集映射到高维特征空间，以便在高维特征空间利用线性算法进行特征提取。核主成分分析不需要给出映射函数的实际形式，克服了一般非线性映射函数参数的不确定性，另外其运算的本质是利用内积进行高维映射，算法的复杂度与特征空间维数无关，降低了映射过程的计算量。近年来，流形学习越来越受到学者们的广泛关注，逐渐成为广泛使用的非线性特征提取算法。其基本假设是高维空间的数据并不是均匀分布的，而是分布在低维流形上，所以通过寻找高维特征空间到低维嵌入流形的映射关系可以实现降维。这一类流形学习算法是基于数据导向型，不需要数据集的先验知识，相对比基于先验信息的核主成分分析，该方法在数据的泛化性方面有较大优势。基于流形学习的特征提取算法分为学习数据全局结构的全局流形算法和保持数据间局部邻域特性的局部流形算法。2004 年，Bachman 等人利用等距特征映射算法（ISOmetricfeature MAPping，ISOMAP）学习高光谱遥感数据集的低维嵌入流形曲面。该方法首先建立数据点的邻域图，然后通过迪科特斯拉算法计算样本点邻域内外的最短距离，最后寻求原始高维数据集的低维嵌入映射。ISOMAP 算法是一种典型的非监督全局流形特征提取算法，具有较好的数据泛化能力。2000 年有学者提出的局部线性嵌入算法考虑了高维数据不存在全局线性结构，但在数据点的邻域范围内，可以近似为局部线性欧氏空间，这样，高维空间中的数据结构能在低维空间恢复信息。拉普拉斯特征映射算法在构建局部邻域图时，通过核函数定义样本点与其邻域之间的权重值，相对于局部线性嵌入算法提高了算法的抗噪声能力。与上述算法不同，局部切空间排列算法利用样本点的切空间来描述数据的几何结构，将切空间进行排列以构造数据的全局流形嵌入坐标，算法对于描述复杂的流形结构具有较强的适应性。上述局部算法都没有确定的映射函数，以至不能将已有算法应用到新的数据集上，为此 He 等人在 2000 年提出了邻域保持嵌入算法，算法在计算样本点的权重矩阵后，引入线性变换，即计算线性投影以使可以应用到测试数据。同年，He 等人对拉普拉斯特征映射算法进行改进，提出了局部保持投影算法。该算法对拉普拉斯特征映射算法进行线性化，同样需要计算线性映射函数。

2. 高光谱图像处理的困难

高光谱图像具有较高的光谱分辨率，使其对地物目标具有较强分辨能力的同时，也为高光谱图像的处理带来了一些困难，主要包括以下几个方面：

1）Hughes 现象

Hughes 现象于 1968 年提出，描述了广义上测量数据复杂度、平均识别精度和训练样本个数三者之间的关系。测量复杂度指测量装置获取的数据细节程度，即数据维数，维数的升高使得用于参数估计所需的训练样本个数急剧增加，如果训练样本个数较少，不满足特征空间维数增加的要求，其较高的维数特征反而降低分类精度的进一步提高。随着高光谱图像参与处理波段个数的增加，图像分类精度出现先增加后减小的现象，这被称为 Hughes 现象。只有当训练样本数充足时，分类精度才随着测量数据复杂度的增加而增加；当训练样本个数有限时，分类精度随着测试数据复杂度的增加表现为先增加后减小。因此，对于在实际应用中的有限样本，必存在一个最佳的测试数据复杂度，使得分类精度达到最优。由于高光谱图像的有效信息主要集中于特征空间的某一低维子空间，所以通过特征提取进行降维是解决 Hughes 现象的有效方法。

2）数据的冗余度

虽然高光谱图像可以提供大量的地物信息，但在某些实际应用中，数据量的增加并没有为数据处理算法提供更多的信息。高光谱图像的冗余包括空间冗余和光谱冗余。在一个波段图像中，同一地物表面采样点的灰度之间通常表现为空间连贯性，而基于离散像素采样所表示的地物灰度并没有充分利用这种特征，产生了大量空间冗余。高光谱图像较高的光谱分辨率使得图像中某一波段的信息可以部分或完全由图像中其他波段预测，因此产生了光谱冗余。

3）数据量大

相对于多光谱图像，成像光谱仪得到的高光谱图像的波段数可达几十甚至几百，数据量远大于多光谱图像。以 AMRS 图像为例，其共包含 200 个波段，图像大小为 144×144 像素，像素深度为 16 bit，则该图像的数据量为 791 Mbyte。这不仅给高光谱图像数据的传输和存储带来了不便，而且给高光谱图像的处理带来挑战。

3. 高光谱图像特征提取原则

对高光谱图像进行特征提取，常用以下 4 种原则：

（1）从信息论的角度考虑，特征提取过程选取信息量最大的波段子集。衡量图像信息量大小常用的准则包括信息熵、方差和最佳指数（Optimum Index Factor，OIF）等。信息熵由香农于 1948 年提出，它用以表征数据的信息量，熵与信号出现的概率相关。例如，一幅 8 bit 的图像 f 中，每个像素携带的平均信息量用一阶熵 $H(f)$ 表示为：

$$H(f) = -\sum_{i=0}^{255} p_i \log_2 p_i \qquad (2\text{-}19)$$

其中，p_i 为图像中像素灰度值为 i 出现的概率。熵值大表示图像所含信息量丰富、图像质量好。联合熵被用来表示多个波段所含信息量的大小。3 个波段的联合熵为：

$$H(f_k, f_l, f_m) = -\sum_{im=0}^{255} \sum_{il=0}^{255} \sum_{ik=0}^{255} p_{ik,il,im} \log_2 p_{ik,il,im} \qquad (2\text{-}20)$$

其中，$p_{ik,il,im}$ 为图像波段 f 中像素灰度值为 ik、图像波段 fl 中同一像素灰度值为 il，与图像波段 fm 中同一像素灰度值为 m 的联合概率。通过计算所有可能波段组合的联合熵，求取最大联合熵的波段组合即为最佳波段组合。图像方差指图像中像素灰度值与均值的偏离大小，偏离越大，即方差越大，图像包含的信息就越丰富。图像方差表示为

$$\sigma_i^2 = \frac{1}{M \times N} \sum_{x=1}^{M} \sum_{y=1}^{N} [f_i(x,y) - \mu_i] \qquad (2\text{-}21)$$

其中，$f(x,y)$ 为第 i 波段在位置 (x,y) 处的像素灰度值；μ_i 为该波段所有像素灰度值的平均值。最佳指数由 Chaces、Berlin 和 Sowers 于 1982 年提出，图像的标准差越大，波段组合相关系数越小，则最佳指数越大，即表示提取的波段组合所含信息量大，冗余度小。

（2）从分类角度考虑，提取使地物类别间可分性最好的波段或波段子集。衡量类间可分性大小的准则有离散度、Bhattacharyya 距离、Jeffreys-Matusita 距离等。离散度表征地物间类别的可分性。Bhattacharyya 距离简称 B 距离，兼顾一次和二次统计变量，因此，B 距离是高光谱图像多维空间中统计距离的一种有效测度。计算任意两类地物在任一波段组合上的 B 距离，最大者对应的波段组合即为最优解 Jeffrevs-Matusita 距离，简称 JM 距离，与 B 距离非常相似。

（3）从数理统计的角度考虑，提取波段间相关性最弱的波段子集，以保证波段间的独立性和有效性。衡量波段间相关性的准则有光谱相关匹配（Spectral Correlation Matching，SCM），又称为光谱相关系数。光谱相关系数指光谱间的关联程度，相关系数越大表示光谱波段间的相关性越强，数据的冗余度就越高，反之亦然。

（4）从光谱学角度考虑，提取使待研究区域内预识别地物目标的光谱特征差异性最大的波段子集。衡量光谱特征差异性的准则有光谱角度制图法（Spectral Angle Mapping，SAM）、正交投影散度（Orthogonal Projection Divergence，OPD）、光谱信息散度（Spectral Information Divergence，SID）等。光谱角度制图法，即夹角余弦法，

是通过计算一个测试像素光谱与一个参考像素光谱之间的光谱角度来确定二者之间的相似度。光谱角越大，两类别间的可分性越好。因此，取光谱角最大者对应的波段组合即为区分该两类地物的最优解。正交投影散度思想源于正交子空间投影，目的是最大限度地分离目标和背景信息。据最小二乘估计原理，由最大化目标光谱与背景光谱之间的距离，即可得到正交投影散度。

4. 基本特征提取常用算法

目前，常使用的基本特征提取算法包括主成分分析、线性判别分析、基于核的非线性特征提取算法、基于流形学习的非监督特征提取算法、F-分值特征提取、递归特征消除方法、最小噪声分数、独立成分分析等。

1）主成分分析

主成分分析法是将多个具有相关性的要素转化成几个不相关的综合指标的分析与统计方法。综合指标有可能包含众多相互重复的信息，主成分分析在保证信息最少丢失的原则下，对原来指标进行降维处理，把一些不相关的指标省去，将原来较多的指标转换成能反映研究现象的较少的综合指标，这样能够简化复杂的研究，在保证研究精确度的前提下提高研究效率。

主要操作步骤：

（1）假设有 A 个研究区域、B 个选择指标的原始样本矩阵 X。

（2）计算各个指标之间的相关系数矩阵 $R_b \times b$，它的特征值 $\wedge 1 \geq \wedge b \geq 0$ 以及正规化特征向量为 e_j，由此得到主成分 T_i：

$$T_i = Xe_j \tag{2-22}$$

（3）第 j 个主成分方差贡献率在 85%~95%时，取前 q 个主成分 T_1，T_2，$\cdots$，T_q，那么这个主成分 q 就可以用来反映原来 B 个指标的信息。贡献率公式如下：

$$a = \sum_{i=1}^{q} a_j \tag{2-23}$$

（4）可以求得各研究地区生态安全综合得分 W：

$$W = aX_1 + bX_2 + \cdots + xX_x \tag{2-24}$$

式中，X 表示特征值的特征向量；a、b 等表示原始指标的标准化数据。

2）线性判别分析

线性判别分析，又称为 Fisher 线性判别方法（Fisher Linear Discriminant，FLD）。

该方法的基本思想是寻找一个使 Fisher 准则达到最大的投影方向，通过对原始数据进行投影，使数据样本的类间协方差矩阵达到最大，类内协方差矩阵达到最小，也就是令具有不同类别标签的样本点相距更远，使相同种类的数据相距较近，能够达到对特征空间数据的最佳分离。

3）基于核的非线性特征提取算法

由于原始高光谱数据包含非线性结构，常用的线性变换会丢失数据中的非线性信息。1998 年，Scholkopf 将模式识别常用的核方法引入线性主成分分析中，提出了核主成分分析算法（Kernel Frincipal Component Analysis，KPCA）。1999 年，Mika 将核方法用于 Fisher 判别分析，提出一种基于核的 Fisher 判别分析算法（Kernel Fisher Discriminant Analysis，KFDA）。

4）基于流形学习的非监督特征提取算法

基于流形学习的非监督特征提取算法首先建立样本点间的邻域图，即需要对每个样本点 $x \in X = 1，2，\cdots，n$ 搜索其邻域，根据选取的邻域构建近邻矩阵。常用的邻域选取准则为 K 近邻，即选取离样本点距离最近的 K 个相邻样本作为邻域，构建邻域图。以样本点 x_1 为中心，根据选取的半径，确定数据集 X 构成的高维空间落入指定半径数据点组成的邻域图。如果近邻半径选取过大，将会导致算法不能有效地保持数据样本间的局部几何结构；相反，如果近邻半径选取过小，又不能有效地保持数据集的全局结构特性，而且极易受到噪声的影响。

（1）等距特征映射。

等距特征映射算法以多维尺度变换为基础，目标是保持高维空间中样本点的几何关系，即原始数据集中样本点间如果是相互远离，则在低维嵌入空间中仍然还需相互远离；在原始数据集中样本点间如果相距较近，则在低维嵌入空间中仍然需要相距较近。该算法的基本思想是利用测地线距离替代传统的欧氏距离。

等距特征映射算法的关键在于如何计算样本点间的测地距离，并真实反映数据集的非线性几何结构。$d_g(v_i, v_j)$ 表示低维嵌入流形上样本点 v_i 和 v_j 的测地距离，如果样本点 v_j 位于样本点的邻域内，则测地线距离可以用两样本点间的欧氏距离代替，即：

$$d_g(v_i, v_j) = d_e(v_i, v_j) \tag{2-25}$$

式中，$d_e(v_i, v_j)$ 为样本点 v_i 和样本点 v_j 之间的欧氏距离。如果样本点 v_j 并不在样本点 v_i 的邻域内，用两个样本的最短路径代替。算法描述如下：

① 原始数据空间中，以一种距离度量机制作为判断准则，确定两个样本点是否为近邻点，并根据上述准则机制将每个样本点的近邻点连在一起，构成数据集的近邻图 G。

② 通过 Dijkstra 方法计算任意两个数据点间的最短路径。

③ 计算原始高维空间的低维嵌入映射。

（2）局部线性嵌入。

受成像光谱仪和数据采集的影响，高光谱数据包含大量的非线性因素，如水汽、大气折射，因此几乎不存在全局线性结构。考虑到可以将全局结构分解为局部邻域，并且局部邻域可以看成是服从高斯分布的欧式空间，局部线性嵌入算法假定样本点与其近邻数据点位于流形之上。

5）独立成分分析

独立成分分析（Independent Component Analysis，ICA）源于 20 世纪 80 年代，主要目的是解决盲源分离问题，基本思路是将多维观察信号按照统计独立的原则建立目标函数，通过优化算法将观测信号分解为若干独立分量。在处理实际问题时，这个假设符合实际情况，因为现实世界的很多源信息，如大部分的语音和图像信号均服从非高斯分布。同时，这个假设也说明独立成分分析中不可能采用普通的基于二阶统计量的方法，而需要利用信息的高阶统计信息。独立成分分析方法在图像处理中具有独特的优势，在图像处理、模式识别、语音识别雷达信号处理及生物医学领域得到了广泛的应用。

设 $x_{i(t)}$ 是一组用 N 个传感器阵列接收的 N 维观测信号，其中 $i = 1, 2, \cdots, N$，N 表示观测信号的通道序数，$t = 1, 2, \cdots, 7$ 表示观测数据的长度。$x_{i(t)}$ 是由若干源信号经过混合后产生的，ICA 的目的就是从这 N 个观测信号 $x_{1(t)}$，$x_{2(t)}$，$\cdots$，$x_{N(t)}$ 中找出隐含在其中的源信号 $s_j(t)$，其中 $t = 1, 2, \cdots, p$，这些源信号描述观测信号 $x_{i(t)}$ 的最本质特征。为不失一般性，设混合的随机变量和独立源信号均为零均值，则 ICA 模型用矩阵形式定义，令 $X = (x_1, x_2, \cdots, x_N)T$ 为 $N \times T$ 维观测信号，$S = (s_1, s_2, \cdots, s_p)T$ 为 $p \times T$ 维未知源信号，则 ICA 的线性模型可表示为：

$$X = AS = \sum_{i=1}^{p} a_i s_i, i = 1, 2, \cdots, p \qquad (2\text{-}26)$$

式中，s_i 为独立分量；$A = (a_1, a_2, \cdots, a_n)$ 为一个满秩的 $n \times p$ 矩阵，称为混合矩阵。

由式（2-26）可以看出，各观测数据 x 由各独立源信号 s 经过 a 线性加权得到。独立源信号 s 是隐含变量，不能通过直接测量获得，混合矩阵 A 未知，则可利用的信息仅为观测向量 x。若没有任何条件约束或假设限制，仅由 X 估计 A 和 S，则解不唯一，得到的结果也不一定具有实际意义。因此，ICA 对整个提取过程加入限制条件，从而使方程解唯一。ICA 的目的是在混合矩阵 A 和源信号 S 未知的情况下，仅利用源信号 S 独立这一假设，尽可能真实地分离出源信号。ICA 也可以描述为：以分离结果相互独立为目标，找出一个线性变换分离矩阵 $\boldsymbol{W}$，希望输出信号尽可能真实地逼近源信号 S。其中 Y 是对源信号的一个估计，也是 ICA 的最终结果，即

$$Y = WX = WAS \tag{2-27}$$

6）SPA 算法

SPA 算法的工作原理是通过迭代的方法，对原始数据投影映射，去除构造新的变量集，并根据 MLR（Multivariable Linear Regression）评价新变量的预测效果。在基于光谱数据的模型中，首先通过 SPA 选用原始数据中少数几列光谱波长，且这些光谱又能包含样本中大多数的光谱信息。

令 $\boldsymbol{X} = (x_1, x_2, x_3, \cdots, x_p)$ 是 p 个原始变量构成的原始数据矩阵，$\boldsymbol{X}$ 是 $n \times p$ 矩阵，有 n 个样本数据，每个样本数据含有 $x_1, x_2, x_3, \cdots, x_p$ 共 p 个变量。在开始迭代前，首先令校正集光谱矩阵中任意选择的一列向量 x_j，令 $x_j^{(1)} = x_j$，$j = 1, \cdots, p$，再随机选取初始迭代变量为 $x_{k(1)}^{(1)}$，且设置需要提取的变量的个数为 $p^* \leqslant p$ 后，SPA 中算法步骤如下：

第 1 步，分别计算所有的 $x_j^{(1)}$：

$$x_j^{(1)} = x_{k(1)}^{(1)} A_j^{(2)} + x_j^{(2)}, \quad j = 1, \cdots, p \tag{2-28}$$

由式（2-28）可推出

$$x_j^{(2)} = x_j^{(1)} - (x_j^{(1)T} x_{k(1)}^{(1)}) x_{k(1)}^{(1)} (x_{k(1)}^{(1)T} x_{k(1)}^{(1)})^{-1}, \quad j = 1, \cdots, p \tag{2-29}$$

记 $k(2) = \underset{j}{\arg\max}(\|x_j^{(2)}\|)$；（提取最大投影值变量的序号）

....

第 q 步，即第 q 次迭代时（$q \leqslant p$），迭代算法如第 1 步。

分别计算所有的 $x_j^{(q+1)}(j = 1, \cdots, p)$ 对 $x_{k(q)}^{(q)}$ 的投影（其余列向量与当前列向量的投影）：

$$x_j^{(q)} = x_{k(q)}^{(q)} A_j^{(q+1)} + x_j^{(q+1)}, \quad j = 1, \cdots, p \tag{2-30}$$

由式（2-30）可以推出：

$$x_j^{(q+1)} = x_j^{(q)} - (x_j^{(q)T} x_{k(q)}^{(q)}) x_{k(q)}^{(q)} (x_{k(q)}^{(q)T} x_{k(q)}^{(q)})^{-1}, \quad j = 1, \cdots, p \tag{2-31}$$

记 $k(q+1) = \underset{j}{\arg\max}(\|x_j^{(q+1)}\|)$。

当 $q = p^*$，迭代终止。$\{x_{k(1)}, x_{k(2)}, \cdots, x_{k(p)}\}$ 就是需要选取的候选变量。

因为迭代第一个初始变量 $x_{k(1)}^{(1)}$ 是随机选取的，因此令每个不同变量都做一次初始变量，并进行如上相同的迭代，且每次迭代选取 p^* 个候选变量，因为有 p 个变量，所以共进行 p 次上述的迭代，得到 $p \times p^*$ 维矩阵 $\boldsymbol{X}^* = \left\{ \begin{array}{c} X^{(1)} \\ \vdots \\ X^{(p)} \end{array} \right\}$，表示基于 p 个不同初始变量选取的 p 个候选变量矩阵，其中 $X^{(j)}, j = 1, \cdots, p$ 基于初始变量 $x_j^{(1)} = x_j$。再采用 MLP 对每组候选变量集合 $X^{(j)}, j = 1, \cdots, p$ 中前 $m = 1, \cdots, p^*$ 自变量回归，共进行 $p \times p^*$ 次回归，通过对每次 MLR 回归的 RMSEP（预测均方差）值进行比较，选取 RMSEP 值最低的那组变量作为最终目标变量组。

2.2.4　高光谱图像拼接

图像拼接是将空间中具有一定重叠率的图像序列校正为一幅无缝的宽视场图像。它通常包括图像预处理、图像配准和图像融合 3 个步骤，其中图像配准是最为关键的一步，目前最常用的配准方法可以归纳为区域配准和特征配准两大类。基于区域的配准方法，例如互相关法、相位相关法和归一化的相关法等，处理思想简单，可以借助快速傅里叶变换（FFT）方法计算互相关系数，从而提高其计算速度以及缩短处理时间，但是它受图像灰度变化的影响较大，对旋转和畸变图像配准误差较大。基于特征的配准方法，具体的实现方法有空间关系法、不变描述算子法和统计概率法等，配准精度高，但计算过程复杂，实现难度较高。

高光谱影像的拼接是无人机高光谱数据在各行业应用的一个障碍以及难点，目前国内外还未有任何一款成熟的可以针对高光谱影像进行快速、准确拼接的软件。鉴于中国科学院遥感与数字地球研究所（简称遥地所）在国内外遥感领域的知名度及拥有很多针对影像数据处理的算法，双利合谱与遥地所共同研发了一款针对无人机悬停空中、高光谱相机内置推扫获取地面目标物影像这一特性的拼接软件。该软件目前仍在不断完善中，其拼接结果也较为理想。该软件的拼接步骤如下：

（1）数据导入。

将需要拼接的无人机高光谱影像数据放在一个文件夹里面，然后运用拼接软件 HiSpectralStitcher 加载存在无人机高光谱影像的文件夹，如图 2-20 所示。

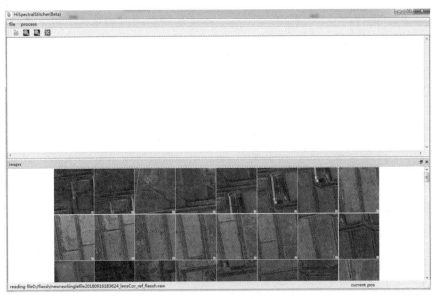

图 2-20　用拼接软件 HiSpectralStitcher 加载影像文件夹

（2）数据选择。

浏览加载的影像数据，如果加载的影像数据存在不需要拼接的影像，就选中该影像右击，则该影像不参与接下来的拼接，如图 2-21 所示。

图 2-21　右击不需要拼接的影像

（3）拼接预览。

可任意选择三个波段组合成伪彩色，预览拼接后的数据效果，选择的波段决定了拼接的效果（正常情况下默认真彩色三个波段即可）。波段选择完后选择投影算法和特征匹配算法以及根据图像的对比度差异选择高中低不同等级，一般情况下，默认效果是最佳的。如图 2-22 所示。

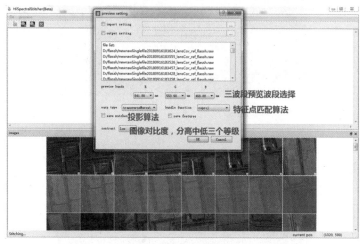

图 2-22　拼接预览

（4）全波段拼接。

根据预览效果选择需要拼接的波段，以及拼接数据输出格式、重采样方式以及是否匀色等，选择输出路径，则开始全波段拼接，如图 2-23 所示。

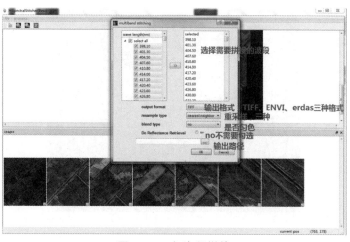

图 2-23　全波段拼接

图 2-24 为案例说明。

（a）

（b）

（c）

图 2-24　案例说明

2.2.5 光谱处理软件 Specview

在自然光下采集光谱数据,需要对自然光的干扰进行去除,故需要对数据进行校正。常用的校正方法有黑白校正、区域校正。这两种校正方法均集成在光谱分析软件 Specview 中,下面分别对两种校正进行说明。

黑白校正基于如下所示的校正算法,通过采集不同波段的暗背景数据、白板数据,利用公式进行反射率的计算。

$$R = \frac{S-D}{W-D} \tag{2-32}$$

式中,S 为原始光谱数据 DN 值;D 为黑校正数据;W 为白校正数据。

具体的实现方法为:首先将白板放置于数据采集平面,采集白帧数据;然后将镜头前盖扣上,采集黑帧数据;最后将试验样本放置于数据采集平面,采集原始光谱数据。将采集到的原始数据与黑帧数据、白帧数据导入软件中,针对不同的波段,原始光谱数据与对应的黑帧数据、白帧数据进行如上公式运算,最后输出为反映物质反射率的文件。

若出现试验区域较大等情况,室内的数据采集方法及黑白校正方法便不再适用,此时引出区域校正方法。区域校正通常指拍摄图像大于白板尺寸时,利用部分区域的白板数据近似代表白帧数据的校正处理方法。

具体操作方法为:在室外环境下,将白板与试验样本放置于同一平面,采用成像光谱仪进行高光谱数据的采集。将采集的数据导入 Specview 中,选择区域校正处理,同时打开数据并在数据中选择白校正区域进行白参考的选取。计算机按照反射率计算公式对试验样本的反射率进行计算,导出得到新的光谱数据文件。

2.2.6 光谱分析软件 ENVI

通过 Specview 软件校正处理后的数据可以反映物质的光谱反射率,但是数据以三维格式进行存储,需要应用光谱分析软件 ENVI 进行谱线数据提取,并进行分析处理。

将数据文件导入 ENVI 后,对白板区域进行谱线提取,其数值为常数 1,说明白板为全反射,而其他区域的反射率则处于 0~1。根据反射率的不同,可以对物质进行区分。

污秽情况基础光谱特性研究

3.1 污秽程度基础光谱特性研究

为了探究污秽程度与光谱反射率的关系，以复合绝缘片为基材，按照标准 GB/T 22707—2008 推荐的固体层法，选取自然污秽主要成分试验研究不同单一物质污秽等级对高光谱反射率的影响。根据对成都地区的自然污秽采用离子色谱（Ion chromatography，IC）及 X 射线衍射（X-ray diffraction，XRD）试验进行成分检测，选取在成分含量中占比较大的 $NaCl$、$CaSO_4$、KNO_3、$NaNO_3$、SiO_2、$Al2O_3 \cdot SiO_2$ 六种污秽试剂，模拟自然污秽制备人工混合污秽样品。

3.1.1 试验样本制备

由于绝缘子污秽往往含有 $NaCl$、$CaSO_4$ 及其他成分，$NaCl$ 所占百分比一般在 10% ~ 30%，$CaSO_4$ 所占的百分比可达 20% ~ 60%，$CaSO_4$ 虽然是微溶物质，但却对污闪电压影响显著。采用浸污法制备样品，第一组选取 $NaCl$ 与高岭土（主要成分为 Al_2O_3、SiO_2）的混合物作为浸污溶质；第二组选取 $CaSO_4$ 与高岭土的混合物作为浸污溶质。混合污秽样本制备：

第一组共制备 8 个样品，两两一组配置不同体积电导率的溶液，采用标准中推荐的浸污法，使混合物均匀附着于硅橡胶绝缘片，经盐、灰密测试得到 4 个污秽等级对应的盐密为 0.01 mg/cm^2、0.03 mg/cm^2、0.15 mg/cm^2、0.8 mg/cm^2，灰密均为 0.1 mg/cm^2。第二组共制备 8 个样品，两两一组，由于 $CaSO_4$ 在 20 °C 时的饱和溶解度仅为 2.036 g/L，溶解到一定程度溶液电导率不再变化，按照盐密分级均对应污秽等级 E1，采用浸污法制备盐密为 $0.001\ 2 \text{ mg/cm}^2$、$0.004\ 3 \text{ mg/cm}^2$、$0.006\ 1 \text{ mg/cm}^2$ 和 $0.007\ 0 \text{ mg/cm}^2$ 的 $CaSO_4$ 样品，将其分为等级 Ⅰ、Ⅱ、Ⅲ、Ⅳ，并作为该等级的临界值（若未知污秽等级的 $CaSO_4$ 样品盐密小于 $0.001\ 2 \text{ mg/cm}^2$，则污秽等级为 Ⅰ）。两组样品自然阴干 24 h，制备的样品如图 3-1 所示。

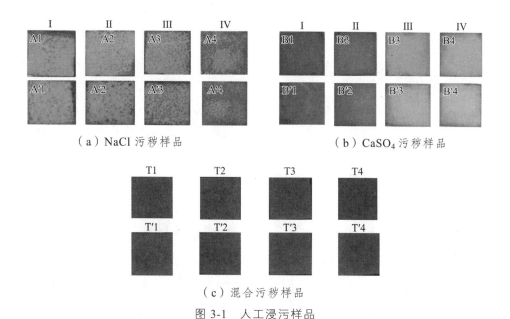

（a）NaCl 污秽样品　　　　　　　　　　（b）CaSO₄ 污秽样品

（c）混合污秽样品

图 3-1　人工浸污样品

浸污绝缘片的污秽程度测量具体过程为：浸污前对绝缘片逐一编号并称重，浸污后待污秽干燥后再次称重；测量盐密后，按下式计算得到灰密：

$$N = (W_{i1} - W_{i2}) / A - E \qquad (3-1)$$

式中，N 为灰密（mg/cm²）；W_{i1} 为绝缘片初始质量（g）；Wi_2 为污秽干燥后浸污绝缘片的质量（g）；i 为绝缘片编号（$i = 1, 2, \cdots, 64$）；A 为绝缘片面积（cm²）；E 为盐密（mg/cm²）。

3.1.2　光谱数据采集

利用 GaiaField-F-V10 高光谱成像仪，在实验室对两组样品分别进行采集。经试验采集的每幅高光谱影像由 256 个波段组成。从人工浸污样品高光谱影像中提取不同污秽等级样品的像素反射率值，并以波长作为横坐标，以反射率作为纵坐标。其中，每组标签样品和测试样品上各提取 10 组样本数据（NaCl 样品、CaSO₄ 样品各共计 80 组数据），其中标签样品作为训练样本数据（各共计 40 组数据），测试样品作为测试样品数据（各共计 40 组数据）。

针对不同等级的污秽样品，用高光谱仪获得的样品高光谱图像反射率在波长

400～1 000 nm 范围内形成连续的光谱曲线。不同污秽程度的绝缘子与其光谱曲线一一对应，可通过算法对谱线进一步分析。

3.1.3　光谱数据处理

对上述样本进行高光谱图像采集（见图 3-2），采集后的数据进行去噪平滑，黑白校正，多元散射校正预处理，消除多余噪声，提高信噪比。同时采用竞争性自适应重加权采样对污秽程度进行对应的高光谱特征波段的提取。

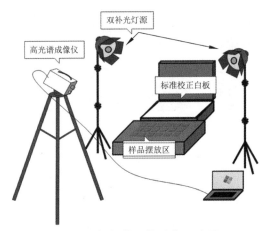

图 3-2　高光谱图像采集示意图

竞争性自适应重加权采样（Competitive Adaptive Reweighted Sampling，CARS）是基于达尔文进化理论所依据的适者生存原理，通过蒙特卡罗（Monte Carlo，MC）采样选择目标集特征并建立偏最小二乘（Partial Least Squares，PLS）模型，最终实现多组分光谱数据关键波长优化组合选择的一种方法。令高光谱数据矩阵为 $X^{m \times p}$，包含 m 个行变量和 p 个列变量，m 为样本数量，p 为波长数（本书中 $p = 256$）；向量 $y^{m \times 1}$ 表示目标物质属性，则有下列关系式：

$$T = XW \tag{3-2}$$

$$y = Tc + e = XWc + e = Xb + e \tag{3-3}$$

式中，W 为组合系数；T 为得分矩阵，是 X、W 的线性组合；c 为 y 对 T 的最小二乘回归系数向量；e 为预测误差；$b = Wc = [b_1, b_2, \cdots, b_p]$，是 p 维系数向量。$|b_i|$（$1 \leqslant i \leqslant p$）是第 i 个元素 b_i 的绝对值，反映了第 i 个波长对 y 的贡献。为评估各个波长的重要程度，定义一个标准化的权重 w_i 为：

$$w_i = \frac{|b_i|}{\sum\limits_{i=1}^{p}|b_i|} \qquad\qquad (3\text{-}4)$$

假设 CARS 的 MC 抽样运行次数为 N。使用此设置，CARS 将依次选择 N 个波长子集，经筛选去除的波长权重将设置为 0，由此选择出最优波长组合。因此，CARS 采样具体可描述为如下步骤：

（1）采用 MC 模型采样，在随机采样的基础上每次从样本集中抽取 80%~90% 的样本作为校正集，分别建立 PLS 回归模型。

（2）以 $|b_i|$ 作为指数参量，选取该数数值大的波长变量，利用指数衰减函数（Exponentially Decreasing Function，EDF）去掉 $|b_i|$ 为 0 的波长点。

（3）剩余波长采用自适应重加权算法筛选，每次筛选出的新变量子集用于建立 PLS 回归模型，然后计算每个模型的交互验证均方差（Root-Mean-Square Error of Cross-Validation，RMSECV），通过比较每个模型的 RMSECV 值得到最小值，最优波长组合即为最小值对应的变量子集。

通过 CARS 选择特征波长后即可得到低维光谱矩阵，包括波长数目和波长值，所提取特征后续将用在污秽盐/灰密检测模型的建立与分析中。

3.1.4 污秽程度基础光谱特性提取

由于不同物质组成成分和内在结构的差异，造成物质内部选择性地吸收和反射不同波长光子能量，因此，物质的反射光谱具有"指纹"效应。可根据不同物不同谱、同物一定同谱的原理来分辨不同的物质信息。完整而连续的光谱曲线可以更好地反映不同物质间内在的微观差异，这正是高光谱成像实现物质精细检测的物理基础。

不同成分的污秽呈现出不同的反射特性，以绝缘子表面常见的可溶盐成分 NaCl 和微溶盐成分 $CaSO_4$ 为例进行分析。如图 3-3（a）所示，NaCl 样品在 398~1 040 nm 构成连续的谱线，由上到下依次为污秽程度 Ⅰ、Ⅱ、Ⅲ、Ⅳ。由于表层物质比例不同，不同污秽程度样品光谱曲线的波峰、波谷稍向左偏移；由于不同污秽程度样品的污秽量不同，在 398~1 040 nm 整个波段的反射率都呈现出随着污秽程度的升高反射率降低的规律。这是因为 NaCl 的特殊性，在自然阴干过程中形成晶体，随着盐密的增加绝缘片表面附着的 NaCl 增加，形成的结晶体增多，使表面污秽层的光线发散，导致整体反射率下降。

CaSO$_4$污秽样品在 398 ~ 1 040 nm 构成连续的谱线，由下到上依次为Ⅰ、Ⅱ、Ⅲ、Ⅳ，污秽程度逐渐增加。而 CaSO$_4$ 自然阴干后不会形成晶体，随着污秽量增多，表面污秽层对光线的吸收减少，反射增多，在 398 ~ 1 040 nm 整个波段的反射率都呈现出随着污秽程度的升高反射率升高的规律。污秽未完全覆盖基材与完全覆盖基材时谱线波峰、波谷有较大差异，但当污秽完全覆盖基材后（污秽程度Ⅲ、Ⅳ对应的谱线），谱线波峰、波谷偏移较小，如图 3-3（b）所示。上述污秽成分反射特性可作为污秽程度划分的理论依据。

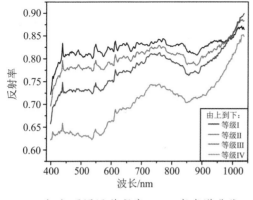

（a）不同污秽程度 NaCl 高光谱曲线

（b）不同污秽程度 CaSO$_4$ 高光谱

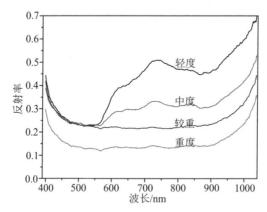

（c）不同污秽程度混合污秽高光谱曲线

图 3-3　不同污秽程度样品高光谱曲线

对混合污秽样本进行高光谱信息采集，不同污秽程度的人工混合污秽样品呈现出不同的光谱响应，如图 3-3（c）所示，其幅值大体趋势在 390 ~ 1 040 nm 全波段呈现出随污秽程度增加反射率降低的趋势。污秽程度为轻度、中度的样品谱线变化趋势大致相同，在反射波段 600 ~ 850 nm 存在反射峰，当污秽未完全覆盖基材时，样品光谱响应会反映出基材的部分信息。由于基材为硅橡胶绝缘片，呈暗红色，红色在电磁波谱中对应的反射谱段为 630 ~ 780 nm，因此，谱线与污秽完全覆盖基材的样品谱线呈现出不同的变化趋势，整体谱线均平稳下降后在 570 nm 处开始升高，并且污秽程度轻度的谱线上升速率快于污秽程度中度的谱线，幅度大于污秽程度中度的谱线，呈现出基材露出越多其光谱响应越明显；污秽程度为较重、重度的样品谱线在成像波段无明显吸收峰和反射峰，变化趋势相同，随着污秽程度的增加，吸收的光线增多，反射的光线减少，因此，呈现出污秽程度为重度的谱线整体反射率低于污秽程度较重的高光谱谱线。

综上，不同程度污秽由于物质比列、对基材的覆盖情况、物质结构等差异的光谱响应不同，其全波段谱线数据的差异可作为污秽程度识别检测的依据。

由于输电线路绝缘子数量较多，实际巡检时一次性检测量大，同时一个绝缘子也可提取多个样本，蕴含丰富的光谱信息，因此需要处理和分析的数据量较大。为加快计算速度和去除不利于数据分析的冗余信息，本节采用 CARS 算法对不同盐/灰密样品的提取的高光谱谱线进行特征波长提取，提取后的波段组合将用作后续污秽盐密谱线特征回归的基准谱段。

本书将采样次数设置为 50 次，具体 CARS 提取特征波长过程如图 3-4 所示。图 3-4（a）表示用于建模的变量数量随着采样次数增加的变化趋势，前期变量曲线下降速度较快体现出波长提取前期的粗选过程，后期变量曲线下降趋势趋于平缓体现出后期的精选过程；图 3-4（b）表示交叉验证均方根误差（RMSECV）随采样次数增加的变化趋势，RMSECV 是用来衡量 CARS 选择的特征波长数据建立的偏最小二乘模型（Partial Least Squares，PLS）的预测效果，RMSECV 越小代表测量精度越高，在第 34 次采样之前 RMSECV 值随采样次数增加缓慢减小，在第 34 次和第 47 次采样均出现 RMSECV 值增加，说明此时有关键变量被删除，因此模型的精度减小；图 3-4（c）表示每个波长变量回归系数随采样次数的变化趋势，*对应为 RMSECV 值最小的位置，选择 PLS 模型对应的最小 RMSECV 值确定最终选择的波长变量最优组合，因此选择第 32 次采样后选择的波长组合作为特征波长。NaCl 组的谱线数据在 CARS 运算后选择的特征波长分别为 637.6 nm、704.5 nm、772.6 nm、818.8 nm、834.3 nm、886.5 nm、920.8 nm、923.5 nm、934.1 nm、971.5 nm、984.9 nm、987.6 nm、995.7 nm、1 001.1 nm、1 017.4 nm、1 028.2 nm，共选择 16 个特征波长。

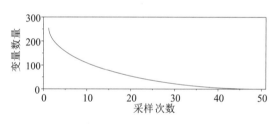

（a）建模变量数量变化趋势图

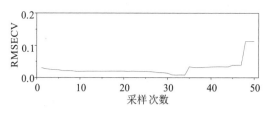

（b）RMSECV 变化趋势图

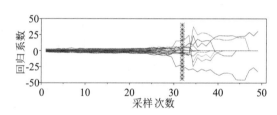

（c）回归系数变化趋势图

图 3-4   CARS 运算提取特征波长过程图

上述方法提取的特征波长最优组合将原本 256 维的光谱向量降低为 16 维，代表了区分不同盐密的高光谱特征谱段，在保证良好的污秽盐密检测效果的同时，去除了无关的冗余波长量，仅留下了关键的波长信息，提高了运算效率。依据上述谱线特征提取流程，$CaSO_4$ 组提取特征波长分别为 421.6 nm、739.6 nm、742.2 nm、770.1 nm、772.6 nm、868.2 nm、891.8 nm、971.5 nm、982.2 nm、1 011.9 nm、1 014.6 nm、1 028.2 nm，共选择 12 个特征波长；组 E 提取特征波长分别为 398.8 nm、401.0 nm、410.2 nm、414.7 nm、417.0 nm、430.8 nm、444.6 nm、486.5 nm、512.4 nm、620.4 nm、805.9 nm、839.5 nm、971.5 nm、1 009.2 nm、1 020.1 nm、1 028.2 nm，共选择 16 个特征波长；组 F 提取特征波长分别为 398.8 nm、458.5 nm、465.5 nm、649.8 nm、652.3 nm、657.2 nm、662.2 nm、679.5 nm、782.8 nm、839.5 nm、904.9 nm、1 009.2 nm，共选择 12 个特征波长。上述所提取特征波长数据将用在后续盐密检测的分段回归模型的建立与分析中。

3.1.5 特征波段污秽程度光谱特性

根据所提取的特征波长建立了基于特征波段的反射率与三种污秽成分不同盐密之间的拟合关系做进一步处理数据，更直观地观察污秽程度对反射率的影响规律。三种污秽样本不同污秽程度与特征波段的拟合关系如图 3-5 所示。

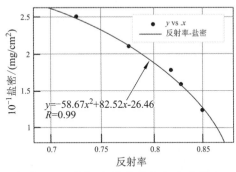

（a）NaCl 特征波段反射率与盐密拟合

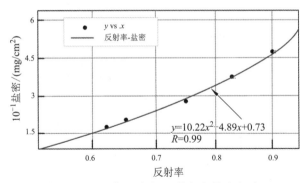

（b）CaSO₄ 特征波段反射率与盐密拟合

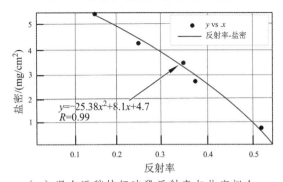

（c）混合污秽特征波段反射率与盐密拟合

图 3-5　不同污秽程度与特征波段反射率拟合关系

根据特征波段的反射率与三种污秽成分不同盐密之间的拟合关系，得出 NaCl：$y = -58.67 \times x^2 + 82.52 \times x - 26.46$；$CaSO_4$：$y = 10.22 \times x^2 + 4.89 \times x - 0.73$；模拟自然污秽：$y = -25.387 \times x^2 + 8.1 \times x - 4.7$，其中，$y$ 为污秽盐密，x 为特征波段的反射率均值。拟合优度 R-square 均达到 0.99，均符合二次曲线拟合，呈现单一方向偏移规律。

三种污秽样本的特征波段处的高光谱谱线如图 3-6 所示。

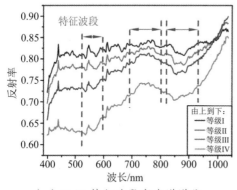

（a）NaCl 特征波段高光谱谱线

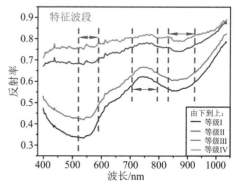

（b）$CaSO_4$ 特征波段高光谱谱线

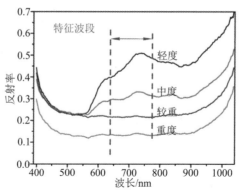

（c）混合污秽特征波段高光谱谱线

图 3-6 特征波段的高光谱谱线

由于物质间类别、组成、结构电学性质及表面特征等因素，对所受光辐射的反射特征不同，污秽成分会对谱线整体形状及反射率产生影响。但污秽程度不同都会引起谱线反射率差异，且特征谱段都具有单向偏移的规律性。在实际情况中，绝缘子表面积污多为未完全覆盖基底情况，因此基底特征谱段特征的强弱也会在 630～780 nm 波段对污秽附着情况有所反应。上述污秽成分反射特性可作为之后光谱诊断污秽程度划分的理论依据。

3.2 　污秽成分基础光谱特性研究

3.2.1 　试验样本制备

由于绝缘子表面自然污秽种类繁多、组成复杂，穷尽地研究所有污秽的工作量较大。而我国能源结构中化石燃料占到 73%，致使大气污染属于煤烟型污染（主要污染物包含 SO_2、NO_x、SiO_2、Al_2O_3、Fe_2O_3 等），工业、盐碱地区的 NaCl 含量较高，因此本节主要对煤烟型污染和盐碱地区主要污秽成分进行研究。

本研究的试验样品共分为两组，采用标准 GB/T 22707—2008 推荐的固体层法，以酒精擦洗后的硅橡胶绝缘片（5 cm × 5 cm）作为基材，定量称取污秽并涂覆至基材上。第一组样品为单一污秽成分样品，涂覆污秽分别为硫酸铁[$Fe_2(SO_4)_3$]、碳酸钙（$CaCO_3$）、氧化铝（Al_2O_3）、氯化钠（NaCl）、硫酸钙（$CaSO_4$）和高岭土（$2SiO_2 \cdot Al_2O_3 \cdot 2H_2O$）。为探究高光谱图谱具有识别混合污秽的应用潜力，第二组样品设置为混合污秽成分样品；为证明高光谱图谱能对可溶盐类、不可溶物类进行识别，本节将混合涂覆污秽分别设置为氯化钠 1∶1，混合高岭土为 1∶1 和 2∶1 的混合物。每个样本涂覆污秽总质量为 3 g，污秽可以完整覆盖基材，制备的样品如图 3-7 所示。

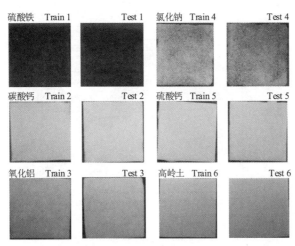

图 3-7　煤烟型污染和盐碱地区主要污秽成分样品图

3.2.2 　光谱数据采集

高光谱成像仪型号为 GaiaSky-mini2-NIR，光谱范围为 900 ~ 1 700 nm，光谱分辨率为 8 nm，具有 224 个波段。试验中高光谱成像仪镜头距样本 50 cm，以垂直角度拍摄样品，双补光光源对称分布于样本两侧，将制备的样品放在成像区域内进行高光谱采集，数据经高光谱成像仪 USB 数据线传至计算机。试验在温度 20 ~ 25 ℃、湿度 30% ~ 50%的条件下进行。

在实验室对两组样品分别进行采集，经黑白校正后的人工污秽样品高光谱图像中可提取不同污秽成分的光谱反射率值，以波长作为横坐标，以反射率作为纵坐标，形成连续谱线。其中，从单一污秽成分标签样本中各提取 100 组数据作为训练样本数据，共 600 组；同样地，从测试样本中各提取 10 组数据作为测试样本数据，共 60 组。从混合污秽样本中各提取 10 组数据作为测试样本数据，共 20 组。

3.2.3　光谱数据处理

由于物质成分和结构的差异造成物质内部对不同波长光子的选择性吸收和反射，因此，物质的反射光谱具有"指纹"效应，可根据不同物不同谱的原理来分辨不同的物质信息。如图 3-8 所示，同种污秽其高光谱谱线仅在幅值上稍有差异，不同污秽其高光谱谱线在幅值、峰值以及变化趋势上具有明显差异，可以更好地反映不同物质间微观差异引起的谱线变化，可通过算法对谱线做进一步分析。

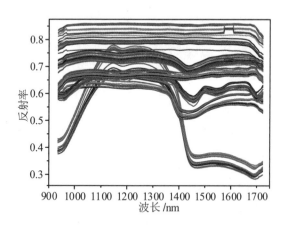

图 3-8　不同污秽成分高光谱曲线

根据 3.2.1 节采集的各污秽成分高光谱谱线训练样本,对各物质得到的数百条波谱曲线取平均值即平均光谱谱线,以最小误差及标准差作为判断标准,剔除误差较大的波谱曲线,得到该物质的标准波谱曲线,最终根据物质的标准波谱曲线建立主要污秽成分的标准波谱库。图 3-9 为污秽成分的本征波谱库，体现了各物质基础的光谱信息，可为后续污秽成分识别提供基准。

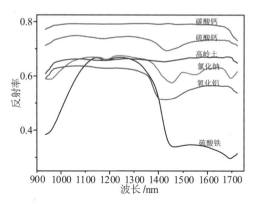

图 3-9 处理过后的高光谱谱线

3.2.4 污秽成分基础光谱特性提取

采用 CARS 对六种污秽成分的高光谱平均谱线进行特征波长选择，选择后的波段组合将用作后续污秽成分特征识别的基准谱段。本研究将采样次数设为 50 次，具体 CARS 提取特征波长过程如图 3-10 所示。图 3-10（a）表示选择建模变量数量随采样次数的变化趋势，采样前期变量数量下降较快体现了前期的粗选过程，后期随采样次数增加变量数量下降趋势趋于平缓体现了后期精选过程；图 3-10（b）表示交叉验证均方根误差（RMSECV）随采样次数的变化趋势，即基于 CARS 选择的特征波长建立的偏最小二乘（Partial Least Squares，PLS）模型的预测效果，RMSECV 越小测量精度越高，在第 34 次采样之前，RMSECV 值波动较小，随着采样次数增加，关键变量被删除后 RMSECV 值急剧增大，模型测量精度下降；图 3-10（c）表示每个波长变量回归系数随采样次数的变化趋势，*对应为 RMSECV 值最小的位置，选择 PLS 模型对应的最小 RMSECV 值确定最终选择的波长变量最优组合，由于本研究数据建立的 PLS 模型对应两个相同的最小 RMSECV 值，因此，选择维度更低即选择波长变量数量更少的特征波长组合，对应第 26 次采样。本研究在 CARS 运算后选择的特征波长分别为 971.2 nm、1 038.2 nm、1 041.8 nm、1 200.5 nm、1 214.6 nm、1 334.5 nm、1 338.0 nm、1 352.2 nm、1 355.7 nm、1 366.3 nm、1 398.0 nm、1 433.3 nm、1 447.4 nm、1 458.0 nm、1 489.7 nm、1 493.2 nm、1 521.5 nm、1 525.0 nm、1 528.5 nm、1 553.2 nm、1 620.2 nm、1 659.0 nm、1 669.6 nm、1 701.3 nm、1 704.9 nm、1 711.9 nm、1 719.0 nm，共选择 27 个特征波长。

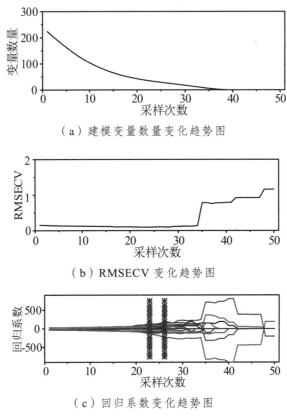

（a）建模变量数量变化趋势图

（b）RMSECV 变化趋势图

（c）回归系数变化趋势图

图 3-10　CARS 运算提取特征波长过程图

提取的特征波长最优组合将原本 224 维的光谱向量降低为 27 维，代表了区分不同物质的特征谱段，在保证良好的污秽成分识别效果的同时，消除了无关的波长量，仅留下了关键的波长量，提高了运算效率。经 CARS 降维后建立的污秽成分特征波谱库如图 3-11 所示，选择的特征波长经连线可基本重构不同污秽成分的本征谱线，可为后续污秽成分特征识别提供基准特征。

由于物质间类别、组成、结构电学性质及表面特征等因素，对所受光辐射的反射特征不同，污秽成分会对谱线整体形状及反射率产生影响。近红外波段光谱信息更能反映物质内在特征，纯白盐和灰反射率较高，在 1 420 ~ 1 480 nm 波段呈现出更大的差异，而有色污秽谱线差异明显，在全波段更易区分。通过自适应竞争算法对污秽成分特征信息进行提取，选取与其成分信息相关性更大的波段作为其标记波段。形成污秽成分的本征波谱库，体现各物质基础的光谱信息，可为后续污秽成分识别提供基准。

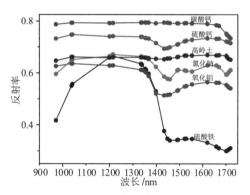

图 3-11　污秽成分特征波谱库

以煤烟型污染和盐碱地区之外其他地区最常见污秽成分 NaCl、$CaSO_4$ 展开混合污秽光谱特性的研究，采用固体层法制备四种污秽等级，三种混合比例的污秽样本如图 3-12 所示，采集其高光谱图像，所得谱线如图 3-13 所示。

图 3-12　常见污秽混合样品图

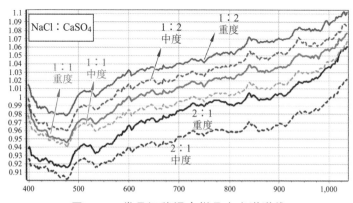

图 3-13　常见污秽混合样品高光谱谱线

由于都为白色物质，可见波段物质间所反映的特征波段差异不显著，尽管污秽程度不同，不同的混合比例校正之后仍存在反射率上较明显差异的情况。主要原因在于 $CaSO_4$ 和 $NaCl$ 的反射规律不同，混合比例不同，晶体析出和裸露情况不同，当 $CaSO_4$ 含量较高时，其细腻粉末状能缓和析出晶体所导致的表面不平整，使其反射率增强。此特性可以用于之后不同类型污秽之间建模识别的理论基础。

同类型污秽成分下的绝缘子积污程度检测

不同程度污秽由于物质比例、对基材的覆盖情况、物质结构等差异的光谱响应不同，其全波段谱线数据的差异可作为污秽程度识别检测的依据。

4.1 绝缘片整体积污程度检测结果

4.1.1 绝缘片污秽盐密检测

按照标准 GB/T 775.1—2006，采用污秽的盐/灰密对绝缘子表面的污秽程度进行评估。电力部门或变电所的自然污秽等值附盐密度（简称盐密），是用一定量的蒸馏水清洗绝缘子表面的污秽，然后测量该清洗液的电导，并以在相同水量中产生相同电导的氯化钠数量的多少作为该绝缘子的等值盐量，最后除以被清洗的表面面积即为等值附盐密度，简称等值盐密，单位为 mg/cm²（毫克每平方厘米）。等值盐密检测流程图如图 4-1 所示，具体操作步骤如下：

首先，工作人员应戴清洁的医用手套，避免失去污秽，获取绝缘子上、中、下 3 个位置绝缘片，进行编号。

擦拭前，将容器、量杯、软毛刷等清洗干净，以确保无任何电解质。

依据绝缘子表面积，量取适当的去离子水，本次检测根据绝缘子面积，量取 150 mL 去离子水。

将去离子水分成 3~4 等份，将绝缘子放置在清洁的医用托盘内。

用去离子水湿润绝缘子表面。把绝缘子放置好，一手拿洒水器，一手拿细毛刷按顺时针方向擦拭绝缘子表面上的污秽。擦拭一遍后，将污秽水倒入容器内。再用清洁的去离子水撒在绝缘子表面上，按照同样的方法进行擦拭，直至将绝缘子表面上的污秽擦拭干净。

运用液体电导率测试仪（型号 cond 3310），如图 4-2 所示，检测污秽液体电导率：使用前检查仪器的完好性；充分搅拌污秽溶液，使污秽充分溶解；每次测试前，用去离子水清洗仪器探头，将仪器探头插入污秽溶液，待数据稳定后，记录数据。

佩戴医用手套，获取上、中、下3个位置绝缘片，并标记信息

清洗工具并用去离子水擦拭，确保无其他电解质

量取150 mL去离子水，并将其分成3~4等份，分多次洒水、擦拭，将污秽水倒入容器，直至将绝缘子表面的污秽擦拭干净

充分搅拌污秽液体，运用液体电导率测试仪检测电导率，测试前检测仪器完好性，并用去离子水清洗仪器探头

运用公式校正所得电导率数据，根据盐密计算公式计算等值盐密

图 4-1　等值盐密检测流程图

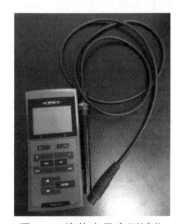

图 4-2　液体电导率测试仪

由于温度对电导率有影响，需要将不同温度下的电导率校正为 20 ℃ 的电导率，校正公式如下：

$$\sigma_{20} = \sigma_\theta[1-b(\theta-20)] \qquad (4-1)$$

式中，θ 是污秽液体温度，℃；σ_θ 是 θ ℃ 时的体积电导率，S/m；σ_{20} 是 20 ℃ 时的体积电导率，S/m；b 是取决于温度 θ 的因数。

$$S_a = (5.7\sigma_{20})^{1.03} \qquad\qquad (4\text{-}2)$$

$$ESDD = S_a \cdot V / A \qquad\qquad (4\text{-}3)$$

式中，S_a 为盐度，kg/m^3；$ESDD$ 为盐密，mg/cm^2；V 为污液体积，cm^3；A 为清洗污秽区域的面积，cm^2。

按照前述标准步骤，对自然积污样本进行检测，结果如表 4-1 所示。

表 4-1 绝缘片盐密值（ESDD）　　　　　　　　单位：mg/cm^2

位置信息	盐密	位置信息	盐密
博墨一回 N167（2）上	0.012 3	博墨一回 N089（3）上	0.024 4
博墨一回 N167（2）中	0.020 0	博墨一回 N089（3）中	0.023 2
博墨一回 N167（2）下	0.021 8	博墨一回 N089（3）下	0.023 4
博墨二回 N084（1）上	0.017 0	博墨一回 N167（1）上	0.017 2
博墨二回 N084（1）中	0.014 9	博墨一回 N167（1）中	0.012 6
博墨二回 N084（1）下	0.016 0	博墨一回 N167（1）下	0.012 8
博墨一回 N167（4）上	0.015 0	博墨二回 N170（1）上	0.013 7
博墨一回 N167（4）中	0.021 0	博墨二回 N170（1）中	0.012 5
博墨一回 N167（4）下	0.032 3	博墨二回 N170（1）下	0.013 7
博墨一回 N167（3）上	0.025 8	博墨二回 N170（2）上	0.019 9
博墨一回 N167（3）中	0.018 6	博墨二回 N170（2）中	0.011 2
博墨一回 N167（3）下	0.023 9	博墨二回 N170（2）下	0.016 1
博墨一回 N089（2）上	0.016 8	惠墨甲 N363（1）上	0.023 9
博墨一回 N089（2）中	0.021 4	惠墨甲 N363（1）中	0.017 6
博墨一回 N089（2）下	0.019 6	惠墨甲 N363（1）下	0.021 6
惠墨甲 N363（2）上	0.013 7	惠墨甲 N376（1）上	0.023 1
惠墨甲 N363（2）中	0.022 1	惠墨甲 N376（1）中	0.025 2
惠墨甲 N363（2）下	0.014 5	惠墨甲 N376（1）下	0.018 6
惠墨乙 N368（1）上	0.023 3	惠墨乙 N370（1）上	0.012 5
惠墨乙 N368（1）中	0.017 9	惠墨乙 N370（1）中	0.024 8
惠墨乙 N368（1）下	0.020 9	惠墨乙 N370（1）下	0.015 4

根据标准 GB/T 775.1—2006，此次自然积污样本的污秽程度均分布在等级轻度、中度，盐密值差异也较小。因此，若要对现场的自然污秽等级进行检测，需要针对实测数据采用更为细致的分类方法和检测方法。实测结果可作为高光谱检测方法的结果比对和评判依据。

4.1.2 绝缘片污秽灰密检测

绝缘子表面积聚的污秽物可分为可溶解污秽和不可溶解污秽，可溶解污秽用等值盐密表征，不可溶解污秽用灰密表征。二者对于污闪电压都有着较为明显的影响。当灰密保持不变，盐密越高，污闪电压越低；当盐密保持不变，绝缘子污闪电压随灰密的增加呈下降趋势，在灰密较大时呈饱和状态或者上升趋势。等值灰密检测流程如图4-3所示。

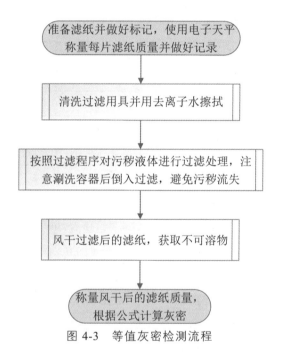

图 4-3 等值灰密检测流程

首先，准备好滤纸并做好对应标记，将滤纸自然阴干，然后使用电子天平（见图4-4）对每张滤纸进行称量，并做好记录。

清洗过滤用具，并用去离子水涮洗。

将叠好的滤纸贴好漏斗后，再用去离子水冲洗一次滤纸，然后将准备好的漏斗安装在漏斗架，用清洗后的烧杯承接滤液。注意，倾入漏斗的溶液最多到滤纸边缘下 5～6 mm。

用去离子水涮洗装污秽液体的瓶子，倒入过滤，如图 4-5 所示。将过滤好的滤纸进行风干，获取不可溶物。最后，称量过滤后风干的重量，根据计算公式计算灰密。

$$NSDD = 1\,000(W_f - W_i)\,/\,A \qquad\qquad (4\text{-}4)$$

式中，$NSDD$ 为附灰密度，mg/cm^2，简称灰密；在干燥条件下，W_f 为含污秽滤纸的质量，g；W_i 为滤纸的初始质量，g；A 为所清洗绝缘子污秽区域的面积，cm^2。

图 4-4 电子天平

图 4-5 过滤过程

根据前述标准步骤，通过处理 4.1.1 中所述污秽溶液，得到如表 4-2 所示的灰密数据。

表 4-2　绝缘片灰密值（ESDD）　　　　　单位：mg/cm²

位置信息	灰密	位置信息	灰密
博墨一回 N167（2）上	0.172 78	博墨一回 N089（3）上	0.274 10
博墨一回 N167（2）中	0.412 56	博墨一回 N089（3）中	0.167 10
博墨一回 N167（2）下	0.338 70	博墨一回 N089（3）下	0.220 71
博墨二回 N084（1）上	0.261 36	博墨一回 N167（1）上	0.156 76
博墨二回 N084（1）中	0.213 61	博墨一回 N167（1）中	0.154 23
博墨二回 N084（1）下	0.221 81	博墨一回 N167（1）下	0.239 05
博墨一回 N167（4）上	0.220 01	博墨二回 N170（1）上	0.160 24
博墨一回 N167（4）中	0.193 75	博墨二回 N170（1）中	0.220 52
博墨一回 N167（4）下	0.215 56	博墨二回 N170（1）下	0.255 59
博墨一回 N167（3）上	0.190 74	博墨二回 N170（2）上	0.180 82
博墨一回 N167（3）中	0.204 11	博墨二回 N170（2）中	0.119 71
博墨一回 N167（3）下	0.312 43	博墨二回 N170（2）下	0.075 00
博墨一回 N089（2）上	0.305 82	惠墨甲 N363（1）上	0.188 20
博墨一回 N089（2）中	0.063 22	惠墨甲 N363（1）中	0.209 78
博墨一回 N089（2）下	0.433 83	惠墨甲 N363（1）下	0.232 83
惠墨甲 N363（2）上	0.230 01	惠墨甲 N376（1）上	0.143 94
惠墨甲 N363（2）中	0.204 02	惠墨甲 N376（1）中	0.195 56
惠墨甲 N363（2）下	0.208 19	惠墨甲 N376（1）下	0.179 74
惠墨乙 N368（1）上	0.212 03	惠墨乙 N370（1）上	0.110 10
惠墨乙 N368（1）中	0.203 12	惠墨乙 N370（1）中	0.102 78
惠墨乙 N368（1）下	0.216 18	惠墨乙 N370（1）下	0.113 76

　　由表 4-2 可知，不同线路绝缘片等值灰密值存在差异，且同一线路绝缘片位置不同灰密也有所差异，这与输电线路的布置方式、附近环境等因素均有关。

4.1.3　绝缘子自然积污成分分析

　　X 射线衍射是目前主要的物相分析手段之一，常用于固体的定性及定量检测。由于每种物质的结晶体都具有特定的化学元素以及结构参数，当 X 射线经过不同物质的晶体时，所衍射出的射线数目、位置、强度不可能完全相同。因此，可以基于未知物质的 X 衍射数据确定其组成成分及含量。X 射线衍射原理如图 4-6 所示。

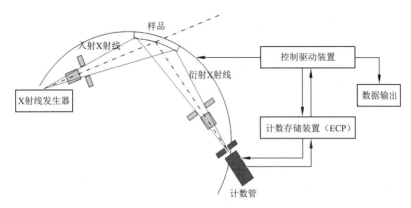

图 4-6　X 射线衍射原理图

　　本试验采用的 X 射线衍射仪型号为 Empyrean，最大功率为 4 kW，测角仪半径为 240 mm，角度重现性 ≤ ± 0.000 1°，可读最小步长为 0.000 1°，探测器计数矩阵为 256 × 256 像素。本实验中扫描范围设定为 15° ~ 75°，步长设定为 0.026。本试验样品为灰密测试后所得到的不可溶物及部分从绝缘串上刮取得污秽粉末，试验前将其研磨为均匀细小的颗粒，最后将样品压入样品槽，试验在室温下进行。

　　获取 X 射线衍射数据后，采用适用广泛的 MDI Jade 解谱软件进行衍射数据处理。本节通过 MDI Jade 软件对数据进行平滑、降噪处理，并利用计算机自动检索程序对衍射数据图谱进行自动寻峰并生成可能存在的物相，结合数据库中标准卡片的峰位、峰强比以及物质在污秽中存在的可能性等因素综合进行判断，确定绝缘子自然污秽的主要不溶物成分为 SiO_2、$Al(OH)_3$、$CaCO_3$、$Mg(OH)_2$、$CaSO_4 \cdot 2H_2O$、$K_2Ca(SO_4)_2 \cdot H_2O$。本研究的自然污秽取自不同线路绝缘串表面，由于环境差异，故导致绝缘片表面污秽成分以及混合比例存在差异（见表 4-3）。各线路不溶污秽 XRD 图谱如图 4-7 所示。

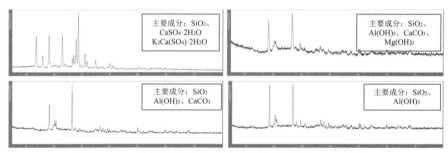

图 4-7　四种不同不溶物成分自然污秽检测 XRD 图谱

针对识别出的六种污秽成分，采用绝热法进行定量分析计算。该方法通过数据库的标准卡片获取各个成分的 K 值，结合衍射图谱对应的衍射峰强度可计算出各个成分的质量分数，无需利用标准物进行测算，相较基体清洗法更加简单。本节中各个污秽成分的质量分数都按公式（4-5）计算：

$$w_i = \frac{I_i / K_i}{\sum\limits_{i=1}^{5} \dfrac{I_i}{K_i}} \tag{4-5}$$

式中，w_i 为待求成分的质量分数；I_i 为待求成分的衍射强度；K_i 为待求成分基于参考物相的参比强度；$\sum\limits_{i=1}^{5} \dfrac{I_i}{K_i}$ 为五种成分的衍射强度与参比强度比值之和。

根据上述规则，结合相对分子质量计算得到不溶污秽成分及含量，如表 4-3 所示。

表 4-3　不同样本污秽成分质量分数对比

样本	1	2	3	4	5	6	7	8	9	10	11	12	13	14	15
SiO_2	35.16	35	18.28	45.24	8.28	39.72	37.92	10.76	36.39	25.47	34.93	14.85	14.8	41.67	46.39
$CaSO_4 \cdot 2H_2O$	37.96	0	0	0	0	0	0	0	0	0	0	0	0	0	0
$K_2Ca(SO_4)_2 \cdot H_2O$	26.88	0	0	0	0	0	0	0	0	0	0	0	0	0	0
$Al(OH)_3$	0	60.5	81.72	47.33	91.72	47.7	48.69	89.24	49.37	59.18	59.98	80.96	85.2	58.33	53.61
$CaCO_3$	0	4.5	0	7.43	0	12.58	7.06	0	14.24	15.35	5.09	4.19	0	0	0
$Mg(OH)_2$	0	0	0	0	0	6.32	0	0	0	0	0	0	0	0	0

通过表 4-3 可以看出，由于挂网位置、靠近的污源类型不同等因素，绝缘串表面积污类型具有差异，不同的污秽成分会对污秽光谱产生不同的影响机制。为了工程应用上对污秽程度进行更精确的检测，将污秽成分的检测纳入考虑是非常重要的。

4.2 绝缘片污秽程度高光谱检测

4.2.1 污秽程度高光谱检测方法流程

本次试验样品为云南地区多支不同地区、不同位置的 500 kV 交流输电线路上挂网 10 年以上的复合绝缘子，从绝缘子上切割不同位置（见图 4-8）的绝缘片，作为高光谱检测方法研究训练样品。部分检测样品如图 4-9 所示。

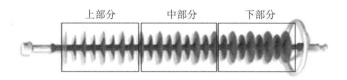

图 4-8 取样示意图

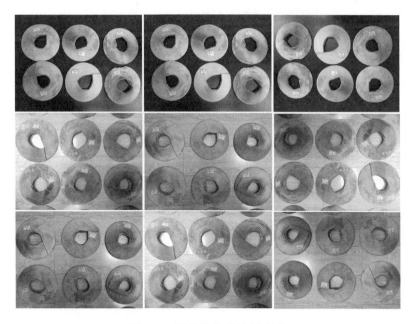

图 4-9 部分绝缘片检测样品

根据检测的灰/盐密值判定绝缘片的污秽等级，做好记录，并提取各个绝缘片的高光谱谱线，如图 4-10 所示。可以看出，不同污秽等级的绝缘片，谱线在整体趋势上没有较大区别，主要在幅值、峰值方面有着明显差异，可以通过算法对谱线做进一步分析。

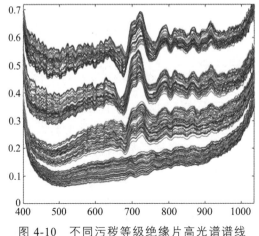

图 4-10   不同污秽等级绝缘片高光谱谱线

污秽等级较低的绝缘片（轻度、中度、较重）的谱线在 720 nm、780 nm、810 nm、850 nm、900 nm 波段，有明显的波峰，且随着污秽等级的加重，谱线整体向下移动；污秽等级高的绝缘片（重度）的谱线整体反射率值相对最低，且整体波动小，与其将基材基本覆盖有关。

根据采集的各个污秽等级绝缘片高光谱谱线训练样本，对所提取的不同污秽等级的谱线分别求取平均值得到平均光谱谱线，以最小误差及标准差作为判断标准，剔除误差较大的谱线。如图 4-11 所示，不同污秽等级的标准谱线，体现了各个污秽等级的光谱信息，可为后续高光谱污秽等级判定提供基准。

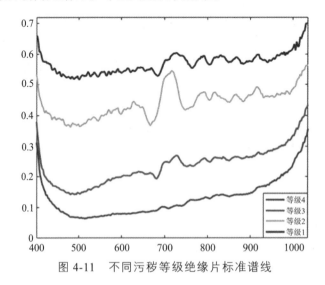

图 4-11   不同污秽等级绝缘片标准谱线

绝缘子表面污秽程度不同时其光谱响应也随之改变，不同波段的光谱反射率也不相同。根据对云南电科院交流 500 kV 送检绝缘子的盐/灰密检测结果，按现有标准难以较好地实现对实际样本盐/灰密的等级划分。因此，本研究针对现场实测数据定义污秽程度标签，如表 4-4 所示。

表 4-4　污秽程度（NSDD）　　　　　　　　单位：mg/cm^2

污秽等级	灰密数值范围
轻度	≤0.12
中度	（0.12，0.2]
较重	（0.2，0.3]
重度	>0.3

为保证本研究方法的建模可靠性，各个类别的训练样本量需要尽量均衡。分析实测污秽数据（见表 4-5），将 84 组数据分为 11、23、33、17 的 4 组进行方法探索。研究表明，绝缘子表面污秽成分对污闪电压存在影响，且因其结构形态差异，对污闪的影响机制不同。不溶物（灰）主要是因其具有保水性、污层分布等，可溶物（盐）因其电离等可对污闪提供通道。因此，污秽中的盐密、灰密都是污闪防治中需要关注的重要指标。

表 4-5　绝缘片样本污秽程度

样本序号	盐密	灰密	灰/盐比	样本序号	盐密	灰密	灰/盐比
1	0.017	0.306	18.2	13	0.016	0.222	13.9
2	0.020	0.433	22.1	14	0.015	0.214	14.3
3	0.021	0.063	3.0	15	0.020	0.181	9.1
4	0.024	0.274	11.2	16	0.016	0.075	4.7
5	0.023	0.167	7.2	17	0.011	0.112	10.7
6	0.012	0.173	14.0	18	0.022	0.212	9.5
7	0.022	0.339	15.5	19	0.021	0.216	10.4
8	0.020	0.413	20.7	20	0.018	0.203	11.3
9	0.026	0.191	7.4	21	0.023	0.221	9.4
10	0.019	0.204	10.9	22	0.032	0.216	6.7
11	0.021	0.194	9.2	23	0.024	0.312	13.1
12	0.017	0.261	15.4	24	0.020	0.414	20.6

续表

样本序号	盐密	灰密	灰/盐比	样本序号	盐密	灰密	灰/盐比
25	0.018	0.203	11.3	55	0.019	0.204	10.9
26	0.013	0.154	12.2	56	0.021	0.193	9.2
27	0.017	0.157	9.1	57	0.017	0.261	15.3
28	0.021	0.216	10.3	58	0.011	0.119	10.6
29	0.019	0.145	7.7	59	0.022	0.212	9.5
30	0.016	0.223	13.9	60	0.016	0.221	13.8
31	0.016	0.075	4.7	61	0.016	0.075	4.6
32	0.017	0.261	15.4	62	0.017	0.261	15.3
33	0.015	0.215	14.3	63	0.015	0.213	14.3
34	0.020	0.182	9.1	64	0.020	0.180	9.0
35	0.011	0.130	10.7	65	0.011	0.119	10.6
36	0.017	0.306	18.2	66	0.017	0.305	18.2
37	0.020	0.434	22.1	67	0.020	0.433	22.1
38	0.021	0.063	3.0	68	0.021	0.063	2.9
39	0.024	0.274	11.2	69	0.024	0.274	11.2
40	0.023	0.167	7.2	70	0.023	0.167	7.2
41	0.012	0.173	14.0	71	0.012	0.172	14.0
42	0.022	0.339	15.5	72	0.022	0.338	15.5
43	0.026	0.190	7.3	73	0.026	0.190	7.3
44	0.019	0.204	10.9	74	0.019	0.204	10.9
45	0.021	0.193	9.2	75	0.021	0.193	9.2
46	0.022	0.212	9.5	76	0.022	0.212	9.5
47	0.017	0.305	18.1	77	0.013	0.154	12.2
48	0.020	0.433	22.0	78	0.017	0.156	9.1
49	0.021	0.063	2.9	79	0.021	0.216	10.3
50	0.024	0.274	11.2	80	0.019	0.143	7.7
51	0.023	0.167	7.2	81	0.020	0.412	20.6
52	0.012	0.172	14.0	82	0.016	0.221	13.8
53	0.022	0.338	15.5	83	0.016	0.074	4.6
54	0.026	0.190	7.3	84	0.021	0.216	10.3

本研究所采用高光谱仪的波段范围为 400~1 000 nm 可见光波段，因此，其对物质颜色及可见特征响应较为敏感。分析实测数据，所有样本的盐灰比均大于 4，且有85% 的盐灰比在 9 以上，最高达到 23。可知不溶物占污秽含量比例较大，且盐密值差异较大，检测流程中利用其作为污秽程度检测粗分类标签。而所有样品的实测盐密值分散性较小，但其作为当前普遍认可的评价污秽程度的指标，与污闪的关联性更大，因此，将其作为污秽程度检测细分类标签，对污秽程度高光谱检测方法进行研究。技术流程如图 4-12 所示。

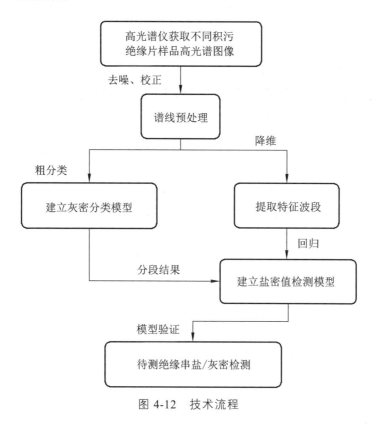

图 4-12　技术流程

该检测方法主要分为数据提取、模型建立、模型结合以及模型验证，以实现绝缘子污秽程度检测。其中，高光谱数据特征提取及模型应用过程需要采集不同盐/灰密的绝缘片高光谱谱线数据进行建模分析，建立盐灰密与谱线数据的关联关系，实现绝缘子污秽盐/灰密的准确检测。具体步骤为：

（1）采集实际积污绝缘片的高光谱图像，对其进行包括平滑及黑白校正的预处理；选取绝缘片高光谱图像的感兴趣区域。

（2）按照灰密等级，分别从云南电科院不同线路取下输电线路绝缘子的绝缘片高光谱图片，并从其中提取谱线数据。每片绝缘片每面对应一条均值谱线，总共 84 片绝缘片和 84 条谱线数据。其中以 4∶1 的比例，将 84 组谱线数据分为灰密分类模型和盐密分段回归模型的训练集及测试集。

（3）为增强谱线数据与盐/灰密的关联性，提高运算效率及准确性，通过竞争自适应采样（CARS）提取信息相关性权重较大的谱线特征波长，并将降维前、后的谱线分别用于后续的建模分析。

（4）针对现场绝缘片的污秽检测数据，将其划分为训练数量基本一致，污秽程度较典型的四种类别，作为污秽等级标签。将谱线全波段数据、特征数据及污秽等级标签作为输入，建立基于随机森林模型的污秽程度判断模型。

（5）分别对各个灰密等级的训练样本进行用于盐密值检测的支持向量机（SVM）回归建模，并输入其样本对应的实测盐密值，作为训练样本标签。对比原始数据和特征数据的模型检测效果，得到效果更优的各个污秽类别下对污秽程度进一步评估的分段盐密回归模型。

（6）将检测模型应用于未参与建模过程的自然积污绝缘片光谱数据的污秽程度盐/灰密检测。得到整片绝缘片的盐/灰密预测值，将其与实测盐/灰密值进行比对。定义误差范围灰密预测与实际等级一致，盐密值误差范围在 5%以内为检测结果正确，将其模型检测准确率作为检测方法评判指标。对比基于原始数据和特征数据所建立灰密分类联合盐密分段回归的（RF-SVM）污秽程度检测模型检测效果，得到最优的污秽盐/灰密检测方法。

（7）基于步骤（6）验证的最优污秽盐/灰密检测方法，采集输电线路绝缘子样品的光谱数据。输入基于自然积污绝缘片数据建立的污秽盐/灰密检测模型，应用所建立的检测方法检测其绝缘子表面污秽程度（盐/灰密值），得到模型检测准确率。

4.2.2　绝缘片污秽程度高光谱检测

绝缘子表面污秽程度不同时其光谱响应也随之改变，不同波段的光谱反射率也不同，为客观、准确地建立污秽程度与高光谱谱线的关系，本研究引入了随机森林算法。随机森林算法具有稳健、泛化性能好等优点，应用随机森林算法对表征不同污秽程度的高光谱谱线数据进行分类，可实现污秽程度的准确划分。具体建模过程如下：

首先对实测自然污秽绝缘片高光谱数据（见表 4-5），结合随机森林粗分类模型，将本研究分为四分类问题，分类目标为污秽程度轻度、中度、较重度和重度。由于待研究对象谱线在不同灰密标签下，整个成像波段的反射率都有明显变化的特征，因此，将高光谱仪采集的 256 个波段的反射率值均作为输入，输出为训练样本数据的模型划分结果。针对实测不同绝缘串不同部位获取的自然污秽绝缘片污秽样品,经多元散射校正后(一种预处理方法)的光谱数据。污秽程度随机森林分类模型内部投票如表4-6所示。

表4-6 污秽程度分类模型针对 NaCl 污秽样品数据的内部投票

样本序号	1	2	3	4	5	6	7	8	9	10	11	12
轻度	7	0	28	0	866	829	8	35	9	197	13	56
中度	95	11	62	19	104	101	227	27	918	709	823	869
较重	92	28	56	137	19	46	749	937	64	94	101	15
重度	806	961	854	844	11	24	16	1	9	0	63	60
投票准确率	80.6%	96.1%	85.4%	84.4%	86.6%	82.9%	74.9%	93.7%	91.8%	70.9%	82.3%	86.9%
样本序号	13	14	15	16	17	18	19	20	21	22	23	24
轻度	15	15	26	0	2	0	8	10	64	0	0	156
中度	54	43	92	732	764	133	5	780	681	9	0	41
较重	107	94	36	215	66	726	928	188	251	967	888	743
重度	824	848	846	53	168	141	59	22	4	24	112	60
投票准确率	82.4%	84.8%	84.6%	73.2%	76.4%	72.6%	92.8%	78%	68.1%	96.7%	88.8%	74.3%
样本序号	25	26	27	28	29	30	31	32	33	34	35	36
轻度	0	1	25	0	861	863	906	11	83	1	13	25
中度	16	62	851	870	16	14	9	30	137	150	109	15
较重	917	921	102	90	43	118	83	955	768	783	807	913
重度	67	16	22	40	80	5	2	4	12	66	71	47
投票准确率	91.7%	92.1%	85.1%	87%	86.1%	86.3%	90.6%	95.5%	76.8%	78.3%	80.7%	91.3%
样本序号	37	38	39	40	41	42	43	44	45	46	47	48
轻度	0	66	0	0	2	0	32	115	0	0	1	285
中度	259	190	257	152	215	8	260	806	708	230	726	26
较重	692	720	47	20	711	148	699	44	222	691	68	647
重度	49	24	696	828	72	844	9	35	70	79	205	42
投票准确率	69.2%	72%	69.6%	82.8%	71.1%	84.4%	69.9%	80.6%	70.8%	69.1%	72.6%	64.7%

续表

样本序号	49	50	51	52	53	54	55	56	57	58	59	60
轻度	896	0	0	84	0	1	29	0	862	887	803	16
中度	13	9	0	36	6	31	853	797	15	9	4	107
较重	53	955	888	775	935	959	107	151	44	103	191	89
重度	38	36	112	105	59	9	11	52	79	1	2	788
投票准确率	89.6%	95.5%	88.8%	77.5%	93.5%	95.9%	85.3%	79.7%	86.2%	88.7%	80.3%	78.8%
样本序号	61	62	63	64	65	66	67	68	69	70	71	72
轻度	0	10	0	764	630	4	36	14	215	0	81	8
中度	17	68	9	182	306	142	24	913	701	759	820	52
较重	33	70	97	47	63	848	940	66	84	100	40	71
重度	950	852	894	7	1	6	0	7	0	141	59	869
投票准确率	95%	85.2%	89.4%	76.4%	63%	84.8%	94%	91.3%	70.1%	75.9%	82%	86.9%
样本序号	73	74	75	76	77	78	79	80	81	82	83	84
轻度	14	35	0	0	5	10	4	26	40	68	2	34
中度	29	88	741	751	274	6	675	777	7	126	127	4
较重	99	57	160	30	682	912	309	193	949	793	848	946
重度	858	820	99	219	39	72	12	4	4	13	23	16
投票准确率	85.8%	82%	74.1%	75.1%	68.2%	91.2%	67.5%	77.7%	94.9%	79.3%	84.8%	94.6%

其中，5、6、29、30、31、49、57、58、59、64、65 号样本为轻度污秽程度，9、10、11、12、16、17、20、21、27、28、44、45、47、55、56、68、69、70、71、75、76、79、80 号样本为中度污秽程度，7、8、18、19、22、23、24、25、26、32、33、34、35、36、37、38、41、43、46、48、50、51、52、53、54、66、67、77、78、81、82、83、84 号样本为较重污秽程度，1、2、3、4、13、14、15、39、40、42、60、61、62、63、72、73、74 号样本为重度污秽程度。表 4-7 中的识别结果表明基于训练样本建模，对所有样本数据的识别均正确，准确率整体达 100%，但投票正确率有差异，最小 63%，最大 96.1%。分析其原因，是由于绝缘片自然积污不均匀，混合污秽谱线受颗粒堆积状态影响较大，且绝缘片本身结构不如实验室硅胶片平整，谱线准确性受

到光线均匀度的影响，但对整体判定结果影响不大。投票判定的样品污秽程度与实际值对比，可得划分结果如图 4-13 所示。图 4-13 中纵坐标代表污秽程度轻度、中度、较重、重度四个等级，横坐标代表测试样本数据的序号。

表 4-7 多元散射校正特征波段污秽程度投票结果

实测灰密等级	样品数量	得票率	正确率
轻度	11	82.33%	100%
中度	23	78.39%	100%
较重	33	86.25%	100%
重度	17	79.62%	100%

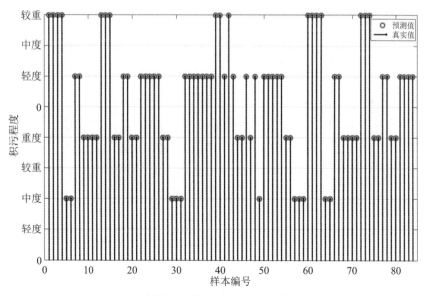

图 4-13 随机森林污秽程度等级检测结果

为探究高光谱谱线预处理中黑白校正及多元散射校正是否有利于高光谱数据分类，本研究采用上述污秽程度分类模型分别对自然积污绝缘片样品校正前后的高光谱数据进行分析对比，得到原始数据划分结果如图 4-14 所示。由图 4-14 可知，未采用光谱数据预处理的自然积污绝缘片样品高光谱数据污秽等级分类结果中第 49、74 个样本数据的程度划分错误，分类准确率分别为 91%、100%、100%、94%。由分析投票结果（表 4-7 和表 4-8）可知，经光谱数据预处理（黑白校正及多元散射校正）后的自然积污绝缘片样品的高光谱数据投票正确率分别提高了 18.4%、3.55%、17.7%、11.74%。结果证明，本研究所采用的数据预处理方法可有效提高高光谱数据的分类准确率。因此，在高光谱数据处理和分析过程中，适当的数据预处理是十分有必要的，可在不削弱光谱数据特征的情况合理选择预处理手段来提高检测准确率，后续样品的高光谱数据应经过多元散射校正处理后再进行下一步的处理分析。

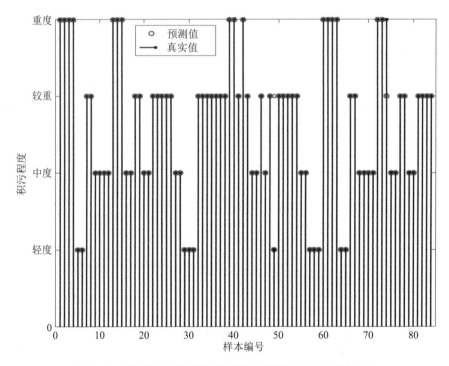

图 4-14　随机森林污秽程度等级检测结果（原始数据）

表 4-8　未经 MSC 校正的投票结果

实测灰密等级	样品数量	得票率	正确率
轻度	11	63.92%	91%
中度	23	74.84%	100%
较重	23	68.55%	100%
重度	17	67.88%	94%

为进一步建立自然积污绝缘子盐/灰密检测模型，建立在不同灰密等级下的谱线信息与盐密标签的对应关系，对预处理后的全波段信息采用 CARS 方法进行特征波段提取。处理后的谱线如图 4-15 所示。CARS 将 256 维谱线降为 22 维特征谱段，即区分不同值盐密的特征谱段，在保证良好的污秽成分识别效果的同时，消除了无关的波长量，仅留下了关键的波长量，提高了运算效率。经 CARS 降维后建立的盐密特征波谱库如图 4-15 所示，选择的特征波长经连线可基本重构不同盐密值的本征谱线，可为后续污秽盐密值检测提供基准特征。将选择的特征波长 405.6、430.8、477.1、601、647.4、664.7、679.5、704.5、709.5、719.5、752.3、793.1、805.9、816.2、847.3、868.2、881.3、918.2、939.4、979.5、1 009.2、1 036.4 输入盐密分段回归模型。

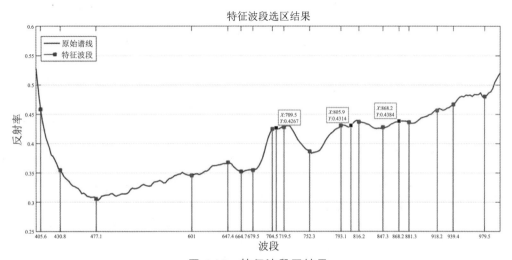

图 4-15　特征波段区结果

由于自然积污绝缘片样本数量小、自然污秽线反射率低等问题，本研究选取适用于能较好地解决小样本、非线性、高维数和局部极小点等实际问题的支持向量机进行基于同一污秽等级下的不同盐密回归建模。

结合随机森林污秽程度分类模型，将支持向量机回归模型与之并行，将采集的数据训练集和测试集的全波段数据作为模型输入，其中训练集数据主要是训练用于灰密分类的随机森林分类模型，测试集主要用于得到模型分类结果和预测盐密值，从而得到分类准确率和预测误差以及最终盐/灰密的检测准确率。输出为污秽程度模型得到的灰密值和盐密值，与真实数据相对比得到灰密分类准确率和盐密回归误差。各污秽程度下，输出结果如表 4-9 所示。其中，灰密标签值和盐密标签值分别为实际测得的盐密、灰密值，RF 指的是随机森林分类模型得到的灰密类别，SVM 指的是支持向量机回归模型计算得到的盐密值（预测值），$\sigma(\%)$ 为预测误差。

表 4-9　基于特征谱线数据的模型预测值

序号	灰密标签值	RF	盐密标签值	SVM	σ/%	序号	灰密标签值	RF	盐密标签值	SVM	σ/%
1	1	1	0.021 4	0.021 349	−0.236 2	29	2	2	0.019 9	0.019 831	−0.347 23
2	1	1	0.016 1	0.016 151	0.315 619	30	2	2	0.023 169	0.023 065	−0.448 13
3	1	1	0.016 062	0.016 114	0.326 122	31	2	2	0.023 169	0.023 082	−0.375 99
4	1	1	0.011 23	0.011 279	0.438 671	32	2	2	0.012 328	0.012 02	−2.498 2
5	1	1	0.021 4	0.021 349	−0.239 68	33	2	2	0.019 926	0.019 859	−0.336 38
6	1	1	0.021 407	0.021 356	−0.236 74	34	2	2	0.021	0.021 059	0.282 674
7	1	1	0.011 2	0.011 252	0.460 568	35	3	3	0.017	0.017 086	0.505 516
8	1	1	0.011 2	0.011 25	0.446 409	36	3	3	0.016	0.016 092	0.572 697
9	1	1	0.021 407	0.021 356	−0.235 83	37	3	3	0.017 9	0.019 886	11.095 52
10	1	1	0.011 23	0.011 556	2.909 021	38	3	3	0.020 867	0.020 952	0.405 357
11	1	1	0.016 1	0.016 124	0.147 622	39	3	3	0.014 926	0.015 013	0.583 301
12	2	2	0.025 8	0.025 734	−0.254 83	40	3	3	0.032 3	0.026 166	−18.990 4
13	2	2	0.019 9	0.019 831	−0.349 15	41	3	3	0.020 9	0.020 396	−2.411 46
14	2	2	0.020 996	0.020 932	−0.307 37	42	3	3	0.017 009	0.016 921	−0.521 97
15	2	2	0.019 926	0.019 989	0.318 638	43	3	3	0.016	0.015 81	−1.187 98
16	2	2	0.017 2	0.017 268	0.394 167	44	3	3	0.014 926	0.015 276	2.344 562
17	2	2	0.012 328	0.012 393	0.532 136	45	3	3	0.023 4	0.023 487	0.370 176
18	2	2	0.012 6	0.012 666	0.526 232	46	3	3	0.022 281	0.021 897	−1.722 99
19	2	2	0.023 2	0.023 133	−0.287 43	47	3	3	0.018 648	0.018 736	0.468 583
20	2	2	0.025 8	0.025 73	−0.270 81	48	3	3	0.018 648	0.018 506	−0.761 79
21	2	2	0.023 2	0.023 132	−0.292 69	49	3	3	0.024 377	0.024 29	−0.356 77
22	2	2	0.020 996	0.020 929	−0.320 07	50	3	3	0.017	0.015 524	−8.680 06
23	2	2	0.012 3	0.012 371	0.577 301	51	3	3	0.015 998	0.016 082	0.519 558
24	2	2	0.018 6	0.018 67	0.376 849	52	3	3	0.024 377	0.021 864	−10.308 7
25	2	2	0.021	0.021 067	0.319 816	53	3	3	0.018 6	0.018 95	1.880 474
26	2	2	0.012 3	0.012 367	0.547 196	54	3	3	0.022 281	0.022 469	0.842 53
27	2	2	0.025 795	0.025 725	−0.270 6	55	3	3	0.032 3	0.023 518	−27.189 9
28	2	2	0.025 795	0.025 728	−0.261 46	56	3	3	0.023 4	0.023 311	−0.378 81

续表

序号	灰密标签值	RF	盐密标签值	SVM	σ/%	序号	灰密标签值	RF	盐密标签值	SVM	σ/%
57	3	3	0.017 9	0.021 306	19.029 4	71	4	4	0.02	0.019 965	− 0.177 22
58	3	3	0.017 009	0.015 631	− 8.103 48	72	4	4	0.023 9	0.023 864	− 0.152 29
59	3	3	0.017 947	0.020 829	16.058 79	73	4	4	0.019 649	0.019 683	0.175 736
60	3	3	0.022 3	0.022 212	− 0.395 21	74	4	4	0.016 809	0.016 842	0.198 083
61	3	3	0.014 9	0.015 068	1.130 768	75	4	4	0.016 8	0.016 836	0.214 262
62	3	3	0.014 9	0.015 173	1.832 052	76	4	4	0.021 794	0.021 759	− 0.162 19
63	3	3	0.024 4	0.021 996	− 9.850 52	77	4	4	0.019 6	0.019 565	− 0.180 83
64	3	3	0.024 4	0.024 396	− 0.014 84	78	4	4	0.023 9	0.023 865	− 0.147 9
65	3	3	0.018 6	0.018 948	1.873 565	79	4	4	0.016 8	0.016 835	0.210 55
66	3	3	0.022 3	0.022 703	1.808 758	80	4	4	0.016 809	0.016 846	0.218 99
67	3	3	0.020 9	0.021 243	1.642 374	81	4	4	0.019 6	0.019 636	0.182 544
68	4	4	0.02	0.019 966	− 0.170 97	82	4	4	0.021 794	0.021 68	− 0.524 62
69	4	4	0.019 649	0.019 654	0.029 071	83	4	4	0.020 001	0.019 963	− 0.189 48
70	4	4	0.021 8	0.021 764	− 0.165 5	84	4	4	0.021 8	0.021 857	0.260 352

针对自然积污绝缘片特征数据，基于支持向量机回归的绝缘子污秽盐/灰密检测各个污秽等级的回归模型的评价指标 R^2、$MAPE$［计算公式见式（4-6）］分别为 [0.993 4，0.005 4]、[0.998 5，0.004 6]、[0.936 4，0.046 6]、[0.991 8，0.001 9]，说明模型拟合度高，预测盐密值较标签值平均偏离 1.5%。因此，模型的预测偏差较小，可以较好地应用于绝缘子污秽盐/灰密检测。按照上述方法对各组盐/灰密值进行检测可以得到各组评价指标，各组预测结果如图 4-16 所示。基于各组样品原始谱线数据和特征谱线数据建立的检测模型回归评价指标及对比如表 4-10 所示。

$$MAPE = \frac{100\%}{n} \sum_{i=1}^{n} \left| \frac{\widehat{y_l} - y_i}{y_i} \right| \tag{4-6}$$

范围[0，+∞)，$MAPE$ 为 0% 表示完美模型，$MAPE$ 大于 100% 则表示劣质模型。

$$RMSE = \sqrt{\frac{1}{n} \sum_{i=1}^{n} (\widehat{y_i} - y_i)^2} \tag{4-7}$$

范围[0，＋∞），当预测值与真实值完全吻合时等于 0，即完美模型；误差越大，该值越大。

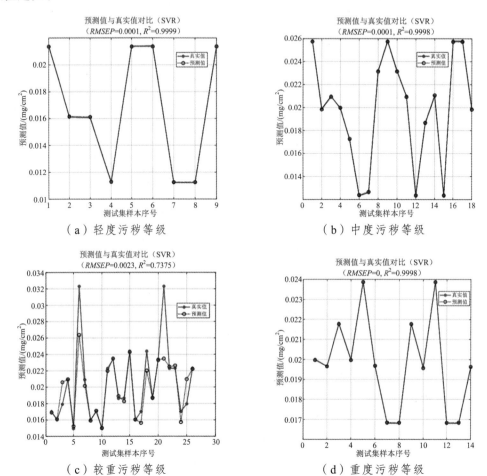

（a）轻度污秽等级　　　　　　　　（b）中度污秽等级

（c）较重污秽等级　　　　　　　　（d）重度污秽等级

图 4-16　基于特征数据建立的各个污秽程度预测模型

表 4-10　基于特征数据和原始数据的模型评价

组别	评价指标	原始数据	特征数据	增长率/%
轻度	R^2	0.991	0.993 4	0.242 2
	$MAPE$	0.010 6	0.005 4	－ 49.100
中度	R^2	0.535 6	0.998 5	86.420 0
	$MAPE$	0.07	0.004 6	－ 93.420 0

续表

组别	评价指标	原始数据	特征数据	增长率/%
较重	R^2	0.809 2	0.936 4	15.720 0
	$MAPE$	0.047 1	0.046 6	−1.061 0
重度	R^2	0.991 8	0.991 8	0.000 0
	$MAPE$	0.002	0.001 9	−5.000 0

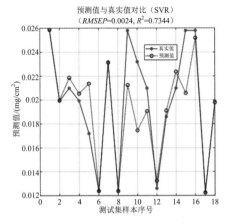

（a）原始数据建模

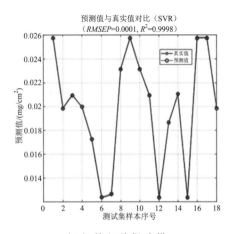

（b）特征数据建模

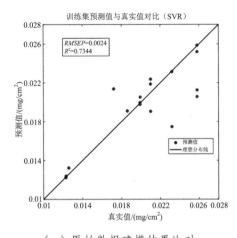

（c）原始数据建模结果比对

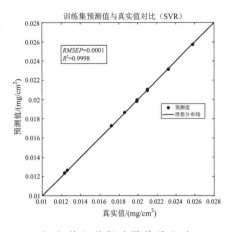

（d）特征数据建模结果比对

图 4-17　基于特征数据和原始数据建立的中度污秽程度预测模型对比

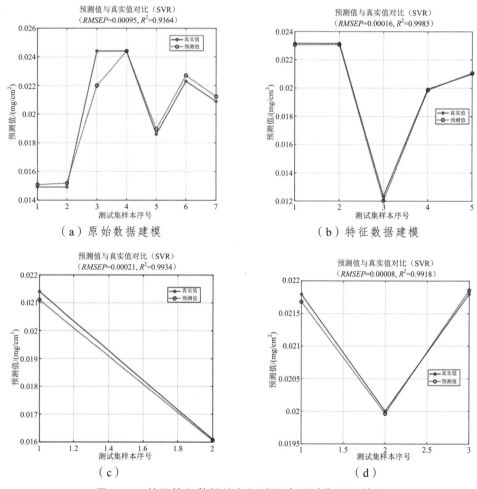

（a）原始数据建模　　　　　　　　　　（b）特征数据建模

（c）　　　　　　　　　　　　　　　　（d）

图 4-18　基于特征数据的各污秽程度测试集预测结果

为更加直观地表述本研究所建立的盐/灰密检测模型对于绝缘子盐/灰密的检测效果，定义样本灰密值检测准确、预测盐密值和真实盐密值误差 σ 在 5%以内，二者为"与"关系时检测模型对样本的真实情况判定准确，除此之外，其他情况均为检测模型判定错误，因为本研究使用 SVM 回归算法进行盐密预测，当灰密分类不正确时回归模型也不同，因此，灰密分类错误时所得检测结果判定为错误。其中，5%为本研究定义，实际应用中具体误差值定义可根据实际检测要求和需求进行适当调整。如图 4-19所示，横坐标为样本序号，纵坐标为组别，标红样本表示该样本的盐/灰密预测错误。

由表 4-11 可知，第 37、40、50、55、57、58、59、63 个样本出现错误，可知基于特征谱线数据的盐/灰密检测模型的各组准确率分别为 100%、100%、73%、100%，可较好地实现绝缘片样品的盐/灰密检测。

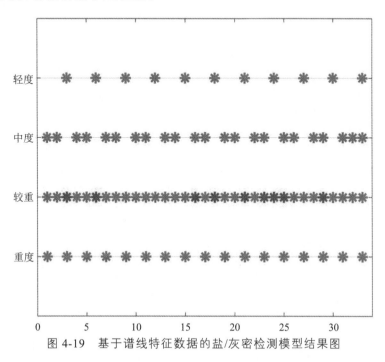

图 4-19　基于谱线特征数据的盐/灰密检测模型结果图

为了验证特征提取在盐灰密检测中的必要性，按上述检测流程，基于原始数据实现污秽的盐、灰密检测。将原始谱线数据作为模型的输入，各组输出结果如表 4-11 所示。

表 4-11　基于原始数据的盐/灰密模型检测结果

序号	灰密标签值	RF	盐密标签值	SVM	σ/%	序号	灰密标签值	RF	盐密标签值	SVM	σ/%
1	1	1	0.021 4	0.021 35	−0.233 6	43	3	3	0.017 009	0.017 099	0.529 1
2	1	1	0.016 1	0.016 151	0.316 8	44	3	3	0.014 926	0.015 011	0.569 5
3	1	1	0.016 062	0.016 009	−0.330 0	45	3	3	0.022 281	0.021 981	−1.346 4
4	1	1	0.011 23	0.011 281	0.454 1	46	3	3	0.023 4	0.023 484	0.359 0
5	1	1	0.021 4	0.021 132	−1.252 3	47	3	3	0.018 6	0.018 886	1.537 6

续表

序号	灰密标签值	RF	盐密标签值	SVM	σ/%	序号	灰密标签值	RF	盐密标签值	SVM	σ/%
6	1	3	0.011 2	0.011 251	0.455 4	48	3	3	0.018 648	0.018 268	−2.037 8
7	1	1	0.021 407	0.021 572	0.770 8	49	3	3	0.024 377	0.024 287	−0.369 2
8	1	1	0.011 23	0.010 871	−3.196 8	50	3	3	0.015 998	0.016 037	0.243 8
9	1	1	0.011 2	0.011 535	2.991 1	51	3	3	0.017	0.015 634	−8.035 3
10	1	1	0.021 407	0.021 106	−1.406 1	52	3	3	0.024 377	0.022 011	−9.705 9
11	1	1	0.016 1	0.016 059	−0.254 7	53	3	3	0.018 6	0.018 685	0.457 0
12	2	2	0.025 8	0.025 869	0.267 4	54	3	3	0.023 4	0.023 311	−0.380 3
13	2	2	0.019 9	0.019 967	0.336 7	55	3	3	0.032 3	0.023 47	−27.337 5
14	2	2	0.020 996	0.021 871	4.167 5	56	3	3	0.022 281	0.022 485	0.915 6
15	2	2	0.019 926	0.020 53	3.031 2	57	3	3	0.022 3	0.022 626	1.461 9
16	2	2	0.017 2	0.021 374	24.267 4	58	3	3	0.017 009	0.015 73	−7.519 5
17	2	2	0.012 328	0.012 39	0.502 9	59	3	3	0.017 947	0.020 982	16.910 9
18	2	2	0.023 2	0.023 134	−0.284 5	60	3	3	0.022 3	0.022 215	−0.381 2
19	2	2	0.012 328	0.012 397	0.559 7	61	3	3	0.018 648	0.018 685	0.198 4
20	2	2	0.025 8	0.021 257	−17.608 5	62	3	3	0.014 9	0.015 28	2.550 3
21	2	2	0.023 2	0.017 461	−24.737 1	63	3	3	0.014 9	0.014 961	0.409 4
22	2	2	0.020 996	0.019 065	−9.197 0	64	3	3	0.024 4	0.022 099	−9.430 3
23	2	2	0.012 6	0.013 237	5.055 6	65	3	3	0.024 4	0.024 518	0.483 6
24	2	2	0.018 6	0.019 115	2.768 8	66	3	3	0.020 9	0.021 205	1.459 3
25	2	2	0.021	0.022 373	6.538 1	67	3	3	0.017 9	0.021 461	19.893 9
26	2	2	0.025 795	0.020 577	−20.228 7	68	4	4	0.02	0.019 993	−0.035 0
27	2	2	0.025 795	0.025 195	−2.326 0	69	4	4	0.019 649	0.019 655	0.030 5
28	2	2	0.012 3	0.012 242	−0.471 5	70	4	4	0.021 8	0.021 765	−0.160 6
29	2	2	0.019 9	0.019 785	−0.577 9	71	4	4	0.023 9	0.023 865	−0.146 4
30	2	2	0.023 169	0.017 387	−24.955 8	72	4	4	0.02	0.020 022	0.110 0
31	2	2	0.023 169	0.023 119	−0.215 8	73	4	4	0.019 649	0.019 613	−0.183 2
32	2	2	0.019 926	0.020 015	0.446 7	74	4	4	0.016 8	0.016 836	0.214 3

续表

序号	灰密标签值	RF	盐密标签值	SVM	σ/%	序号	灰密标签值	RF	盐密标签值	SVM	σ/%
33	2	2	0.012 3	0.012 713	3.357 7	75	4	4	0.016 809	0.016 845	0.214 2
34	2	2	0.021	0.019 078	−9.152 4	76	4	4	0.021 794	0.021 758	−0.165 2
35	3	3	0.017	0.016 91	−0.529 4	77	4	4	0.019 6	0.019 564	−0.183 7
36	3	3	0.016	0.016 09	0.562 5	78	4	4	0.023 9	0.023 865	−0.146 4
37	3	3	0.017 9	0.020 59	15.027 9	79	4	4	0.016 8	0.016 836	0.214 3
38	3	3	0.020 867	0.020 956	0.426 5	80	4	4	0.019 6	0.019 636	0.183 7
39	3	3	0.014 926	0.015 205	1.869 2	81	4	4	0.016 809	0.016 844	0.208 2
40	3	3	0.032 3	0.026 356	−18.402 5	82	4	4	0.021 794	0.021 686	−0.495 5
41	3	3	0.020 9	0.020 139	−3.641 1	83	4	4	0.020 001	0.020 022	0.105 0
42	3	3	0.016	0.015 913	−0.543 8	84	4	3	0.021 8	0.021 874	0.339 4

由表 4-11 可知，第 37、40、50、55、57、58、59、63 个样本出现错误，可知基于特征谱线数据的盐/灰密检测模型的各组准确率分别为 91%、65.2%、73%、94%，基本可以实现绝缘片样品的盐/灰密检测，但是中度和较重程度的检测准确率较低。针对自然积污绝缘片样品特征谱线数据，基于 SVM 回归的绝缘子污秽盐/灰密检测模型可以得到预测后的盐密值，各组预测结果如图 4-20 所示，基于各组样品原始谱线数据和特征谱线数据建立的检测模型回归评价指标及对比如图 4-20 所示。

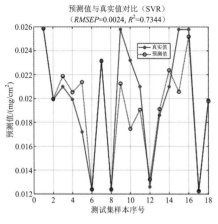

（a）原始数据建模

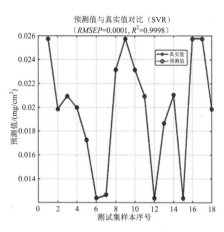

（b）特征数据建模

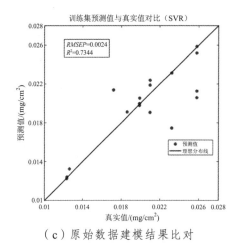

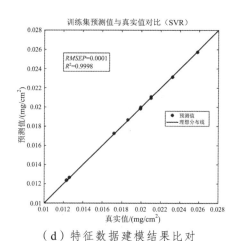

（c）原始数据建模结果比对　　　　　（d）特征数据建模结果比对

图 4-20　基于特征数据和原始数据建立的中度污秽程度预测模型对比

　　由图 4-20 可知，基于特征谱线数据建立的检测模型评价指标 R^2 相较于基于原始数据建立模型的评价指标均呈正增长，说明基于特征谱线数据建立的检测模型拟合度更好，而 *MAPE* 均呈负增长，说明基于特征谱线数据建立的检测模型预测盐密值与标签值的偏离程度更小，结果更准确。按照上述模型检测准确率判定方法，对基于特征谱线数据建立模型的检测结果进行判断，得到各组回归模型的检测准确率。由图 4-21 可知，基于特征谱线数据的盐/灰密检测模型对组中轻度、中度、较重、重度样品，相较于基于原始数据建立模型的检测准确率分别提高了 9.8%、53.3%、0.0%、28.8%。

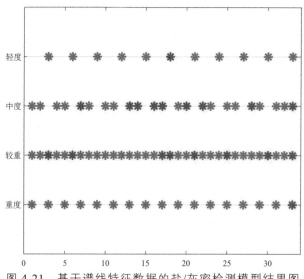

图 4-21　基于谱线特征数据的盐/灰密检测模型结果图

综上所述，基于特征谱线数据建立的检测模型可以更好地应用于绝缘子污秽盐/灰密检测，同时特征数据量仅为原始谱线数据量的 8.6%，大大提升了处理速度。因此，提取高光谱谱线关键波段信息，不仅有利于提高高光谱数据处理和分析的速度，同时去除冗余信息或干扰信息后，基于谱线特征数据建立的检测模型还可更加准确地实现污秽的盐/灰密检测。

4.2.3 输电线路绝缘串污秽程度高光谱检测

由 4.1 节可知，基于谱线特征数据建立的盐/灰密检测模型的检测效果优于基于原始谱线数据建立的模型，因此本节研究对象如图 4-22 所示。搭建第 2.1.2 节所述的适用于现场绝缘串的高光谱数据采集平台，采集其高光谱数据，并进行黑白校正及多元散射校正预处理后，采用基于自然积污谱线特征数据建立的盐/灰密检测模型，在不同绝缘子串不同位置的绝缘伞裙表面选取整片伞裙区域，每个区域提取 1 条谱线信息，共分别得到 36 组数据。提取 36 组高光谱谱线在 405.6、430.8、477.1、601、647.4、664.7、679.5、704.5、709.5、719.5、752.3、793.1、805.9、816.2、847.3、868.2、881.3、918.2、939.4、979.5、1 009.2、1 036.4 这 22 个特征波长下的光谱反射率。输入盐灰密进行结果判定。

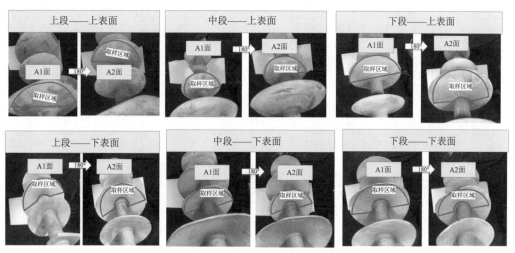

图 4-22 单只绝缘串感兴趣区域提取示意

将图 4-22 谱线特征数据作为输入，输出为模型预测得到的绝缘子表面污秽的盐/灰密，盐密预测结果如图 4-23 所示，输出结果如表 4-12 所示，自然积污绝缘子盐/灰密同规模型预测值如图 4-24 所示。

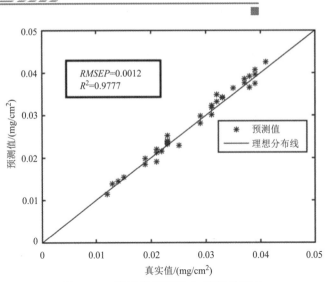

图 4-23　测试集预测值与真实值对比

表 4-12　自然积污绝缘子检测结果

序号	灰密标签值	RF	盐密标签值	SVM	σ/%	序号	灰密标签值	RF	盐密标签值	MLR	σ/%
1	1	1	0.033	0.034 237 5	3.75	19	1	1	0.019	0.018 525	− 2.50
2	2	**1**	0.041	0.042 607 2	3.92	20	2	2	0.012	0.011 355 6	**− 5.37**
3	3	3	0.035	0.036 459 5	4.17	21	2	2	0.031	0.032 305 1	4.21
4	2	2	0.039	0.040 770 6	4.54	22	3	3	0.021	0.019 051 2	**− 9.28**
5	1	**3**	0.023	0.023 515 2	2.24	23	3	3	0.022	0.021 549	− 2.05
6	4	4	0.032	0.034 873 6	**8.98**	24	2	2	0.038	0.039 250 2	3.29
7	1	1	0.039	0.039 596 7	1.53	25	3	3	0.021	0.021 296 1	1.41
8	1	1	0.014	0.014 536 2	3.83	26	4	4	0.022	0.021 507 2	− 2.24
9	3	3	0.023	0.023 926 9	4.03	27	1	1	0.029	0.028 141 6	− 2.96
10	2	2	0.015	0.015 340 5	2.27	28	3	3	0.023	0.025 182 7	**9.49**
11	2	2	0.033	0.034 138 5	3.45	29	2	2	0.031	0.030 079 3	− 2.97
12	2	2	0.023	0.023 292 1	1.27	30	1	1	0.039	0.037 510 2	− 3.82
13	2	2	0.037	0.037 588 3	1.59	31	2	2	0.021	0.021 966	4.60
14	3	3	0.032	0.033 264	3.95	32	1	1	0.035	0.036 414	4.04
15	1	1	0.038	0.036 559 8	− 3.79	33	4	4	0.037	0.038 568 8	4.24
16	3	3	0.013	0.013 854 1	**6.57**	34	4	4	0.025	0.022 987 5	**− 8.05**
17	3	3	0.031	0.031 815 3	2.63	35	3	3	0.019	0.019 837 9	4.41
18	2	2	0.023	0.023 92	4.00	36	4	4	0.029	0.029 820 7	2.83

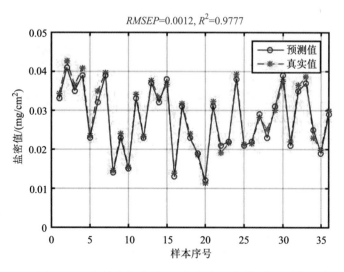

图 4-24　自然积污绝缘子盐/灰密回归模型预测值

　　由表 4-12 可知，第 6、16、20、22、28、34 个样本出现错误，因此，自然积污绝缘片测试集样本污秽盐/灰密的检测准确率为 83.33%。不同污秽程度等级的检测准确率为 88.89%、83.33%、70%、80%，可见，在同一设置下，积污绝缘子样品数据的检测准确率相较于前文绝缘片样品数据盐/灰密的检测准确率有所下降。这是因为绝缘子污秽结构更为复杂，导致打光更不均匀，拍摄影响因素更多。同时清洗后的实测值所提取区域对应上可能存在人工误差，从而导致部分预测结果出现偏差。

输电线路绝缘子污秽分布特性图谱检测

5.1 输电线路绝缘子污秽分布特性图谱检测原理

颜色特征是图像识别和分类中广泛应用的视觉特征之一，图像颜色特征很好地表征了目标或场景的相关信息，是对图像描述最基础、最有效、最直接的特征之一。相较于其他视觉特征，颜色特征具有全局性，即对图像或感兴趣区域的尺寸、大小、方向等变化不敏感，因此，图像旋转或平移等变化不会影响或改变颜色特征，具有较高的鲁棒性。图像处理对于颜色空间有多种描述，并且适用于不同的分类、识别场景，其中 RGB 空间的颜色描述基本囊括了人们视觉感知的所有颜色，是运用最为广泛的颜色描述方法之一。RGB 主要是以红（Red）、绿（Green）、蓝（Blue）三种颜色来描述色彩，通过变化 RGB 的通道以及叠加三种不同程度的颜色来得到视觉色彩，并通过量化 RGB 各通道的值得到某一颜色的具体 RGB 值。

变电站现场自然积污不同污秽度绝缘子可见光图像，当绝缘子表面有沙尘、盐碱等污秽时，会覆盖绝缘子原本颜色特征，表现出沙尘的视觉特性，即灰密值可通过可见光图像的颜色差异体现出来。通过以上分析可知，不同污秽等级表现出来的颜色特征具有差异。

绝缘子表面色彩与周围电力设备在颜色上较为接近，不能以单纯的 RGB 空间的某个分量进行分割。因此，需将获取的 RGB 格式图像转换成 HSI 空间选取有效的图像特征提取绝缘子区域。

通过获取绝缘片图像特征，将绝缘片上的不同污秽程度进行附色，以体现绝缘片上的污秽分布。

5.2 绝缘片积污图像特征提取

HSI 色彩空间是从人的视觉系统出发，用色调（Hue）、色饱和度（Saturation 或

Chroma）和亮度（Intensity 或 Brightness）来描述色彩。

RGB 空间到 HSI，按下式实现转换：

$$H = \begin{cases} \theta, & G \geqslant B \\ 2\pi - \theta, & G < B \end{cases} \tag{5-1}$$

$$\theta = \arccos\left\{ \frac{(R-G)+(R-B)}{2\sqrt{(R-G)^2+(R-B)(G-B)}} \right\} \tag{5-2}$$

$$S = 1 - 3\min(R,G,B)/(R+G+B) \tag{5-3}$$

$$I = (R+G+B)/3 \tag{5-4}$$

图 5-1 是绝缘片 RGB 图和 HSI 图。

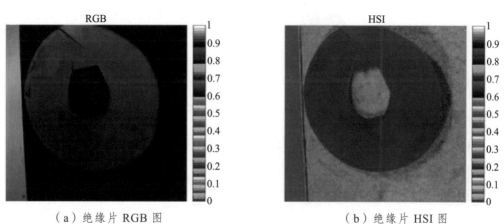

（a）绝缘片 RGB 图　　　　　　（b）绝缘片 HSI 图

图 5-1　绝缘片 RGB 图与 HSI 图

将绝缘子的 RGB 图像转换至 HSI 图像空间，可以得到 H、S、I 三个颜色通道的分布情况，如图 5-2 所示。

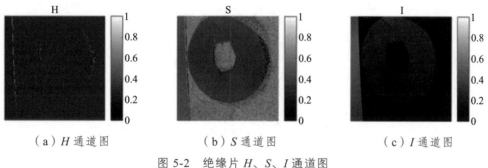

（a）H 通道图　　　　　　（b）S 通道图　　　　　　（c）I 通道图

图 5-2　绝缘片 H、S、I 通道图

通过观察得到：I 分量反映图像的亮度，绝缘子及周围区域的亮度都处于较低区域，区分效果较差；H 分量图像中绝缘子与周围区域几乎混为一体，无法区分；S 分量图像中绝缘子区域突出，利用图片的 S 分量进行阈值分割，得到绝缘片图像并提取其 S 分量值，提取结果如图 5-3 所示。

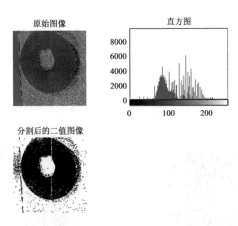

图 5-3　S 分量提取结果

共有自然污秽样本 80 片，其中轻度污秽 20 片，中度污秽 20 片，较重污秽 20 片，重度污秽 20 片，将相同等级的绝缘片进行 S 值提取并进行 S 分量平均，如图 5-4 所示，不同污秽等级间 S 分量均值差异明显。因此，以 S 分量均值构成的特征矢量作为输入设计分类器，结合光谱特征，建立图谱检测方案。

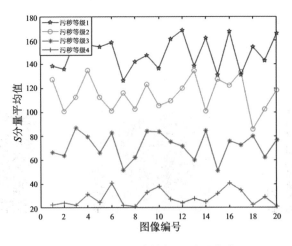

图 5-4　不同污秽等级 S 分量均值

5.3 基于图谱特征的污秽分布检测

5.3.1 基于图谱特征的污秽分布检测建模方法

为确保特征提取的有效性，需要分离背景，只保留绝缘子区域。基于区域的图像分割算法是利用空间信息区域特点进行分割的一种方法，绝缘子图像具有明显的区域特性，因此，选用种子区域生长法去除复杂背景，实现绝缘子的图像分割。具体步骤如下：

（1）提取图像 S 分量。

（2）利用先验知识选择中心像素点 (x_0, y_0) 以及与中心像素点强度相同的点作为初始种子点，为减少计算量，合并相邻的种子点，形成种子区域，并以种子区域的边缘点作为最终用于生长的种子点。设有 n 个：$(x_0, y_0)_1$，$(x_0, y_0)_2$，$\cdots$，$(x_0, y_0)_n$。

（3）选择种子点 $(x_0, y_0)_1$，对图像顺序扫描，判断初始种子点 3×3 领域内的像素点在分量图上的灰度差值 Ds 是否满足：

$$D_S < \delta_S \tag{5-5}$$

式中，δ_S 为门限阈值，若满足，则进行区域合并，将点 (x, y) 视为新的种子点。

（4）对新的种子点 (x, y) 重复步骤（3），直到不再有像素点满足条件则停止生长，从而得到 S 分量种子区域 I_{S1}。

（5）对种子点 $(x_0, y_0)_2$，$\cdots$，$(x_0, y_0)_n$ 重复步骤（3）、（4），得到 S 分量种子区域为 I_{S2}，I_{S3}，$\cdots$，I_{Sn}。

（6）合并区域，H 表示分割得到的种子区域：

$$H = I_{S1} \bigcup I_{S2} \bigcup \cdots \bigcup I_{Sn} \tag{5-6}$$

将绝缘子图像分割后，根据 5.2 节所获取的不同污秽等级 S 分量均值，利用 SVM（支持向量机）理论对绝缘片上的污秽分布进行识别检测。

输入污秽特征向量 S 均值，输出像素点的污秽等级。污秽等级分为四类，即多值分类问题。采用一对一分类法，训练规模小，数据分布均衡，扩展空间大。将四类训练样本样本两两组合，可得到 8 个训练集。训练时采用 SVM 二值分类算法，分别对这 8 个训练集进行学习，产生 8 个二值分类器。分别用这 8 个分类器对输入样本进行分类，假定某次分类判断其为第一类，则第一类的票数加 1，依此类推，最后票数多的那一类，即为样本类别。SVM 多值分类器如图 5-5 所示。

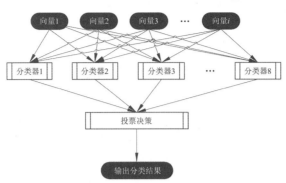

图 5-5　SVM 多值分类器

　　不同的核函数对应不同支持向量机，选取合适的核函数可提高分类准确率。常见的支持向量机核函数包括：线性核函数、RBF（径向基）核函数、多项式核函数和多层感知核函数。选取 RBF 内核，其特点包括：① 可将样本数据从低维映射到高维，能够处理类别与属性的关系是非线性的情况；② 相比于多项式内核，RBF 内核所需参数更少，仅需要惩罚系数"c"和核函数参数"g"；③ 可以避免数字灾难。

　　选取云南地区不同污秽度样本共 80 份，其中轻度、中度、较重、重度污秽样本各 20 份，构建 SVM 支持向量机分类器。S 分量均值作为输入，污秽等级作为输出。

　　每个污秽等级样品各选取 16 份作为训练集，剩余 16 份样品作为测试集分类测试结果如图 5-6 所示。测试结果正确率为 93.75%，然后运用检测模型对绝缘片进行污秽分布检测。最后，进行图像处理，对不同污秽等级区域附色，轻度附色为"绿色"，中度附色为"黄色"，较重附色为"橙色"，重度附色为"红色"，最终结果如图 5-7 所示。

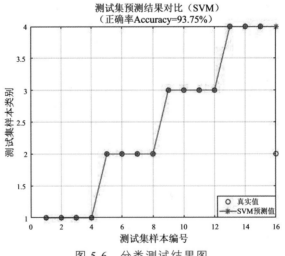

图 5-6　分类测试结果图

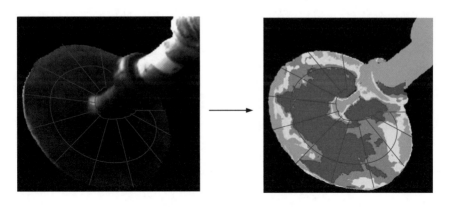

图 5-7　绝缘子污秽分布检测图

5.3.2　绝缘子上/下表面污秽分布特性

　　根据对样品的污秽分布检测结果（见图 5-8），绝缘片上表面污秽明显多于下表面，污秽等级较高的绝缘片上表面附污严重多呈现较重、重度等级污秽附色，下表面多呈现轻度、中度等级污秽附色。（轻度附色为"绿色"，中度附色为"黄色"，较重附色为"橙色"，重度附色为"红色"。）

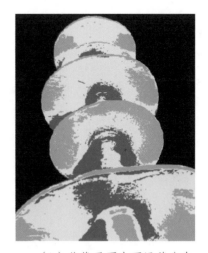

（a）绝缘子上表面污秽分布　　　　　　（b）绝缘子下表面污秽分布

图 5-8　绝缘子上、下表面污秽分布

　　观察绝缘片表面污秽分布情况，可以看出，污秽多向中心聚集，即向支柱聚集。经分析，这与绝缘串结构有关，在风力、电场等多种因素的影响下，绝缘片外侧受力影响较多，不易积聚。

高光谱特征的绝缘子老化程度诊断

6.1 绝缘片样本老化试验

6.1.1 人工紫外加速老化平台

在我国高原地区（青藏、云贵等地）紫外辐射占太阳到达大气上界总辐射的 8%，经大气层的散射和吸收后，达到地表的紫外线主要是长波紫外部分（UVA，320 ~ 400 nm），仅占太阳光谱辐射量的 1% ~ 2%。目前市面可用作试验光源的氙灯的波段范围较广，适用于模拟太阳光照射，为了更好地模拟长波紫外光对样品老化特性的影响，本节选用紫外高压汞灯作为试验光源，灯管主波峰为 365 nm。此外，为了降低样品受光源外的光干扰以及为了更好地控制样品区的温度，在紫外老化试验箱载物台上方加上石英玻璃作为滤光片，其具有优良的透紫外光性能，并且还有一定的隔热作用，同时滤除部分红外光，使样品接受到充足紫外辐射的同时，更利于保持工作区的正常温度。

6.1.2 试验平台结构

为避免紫外线直接照射人体发生一系列生理变化，需要用一箱体将紫外线密封，防止紫外线泄漏，对实验人员造成伤害。根据实验的要求，对箱体的结构进行了设计。本次实验所设计的箱体为矩形箱体，长 500 mm、宽 300 mm、高 500 mm。箱体用抛光不锈钢材料制成，不仅有良好的机械强度和耐腐蚀能力，而且能反射紫外光使其聚拢在箱内。人工紫外老化平台整体示意图如图 6-1 所示。

在箱体背面和灯管上部装设冷风机，采用风冷的方式，可以使工作室温度稳定在（35 ± 5）℃的正常工作温度，保证试验效果。箱底安装手摇式升降载物台，通过控制载物台高度改变样本表面紫外辐射强度，并在箱内安装紫外功率密度计、温湿度计等检测仪器，便于随时记录试验过程中的环境参数。

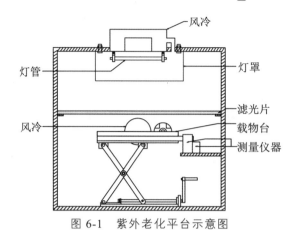

图 6-1　紫外老化平台示意图

6.1.3　样品制备

在我国青藏地区，太阳辐射总量每年约 6 500 ~ 6 700 MJ/m²，光照功率密度用 E 表示，可用下式计算：

$$E = \frac{H}{d \times h \times s} \qquad (6\text{-}1)$$

式中，H 为年太阳辐射的总量；d 为天数；h 为日照小时数；s 为 1 小时的秒钟数。此处 d 计 365，h 计 8 小时，s 计 3 600。

由于环境因素，紫外辐射约占太阳总辐射的 3%，由紫外功率密度计测得紫外功率密度约为 45 mW/cm²，因而可以将试验箱老化时间总辐射量与自然老化进行换算比较，老化箱 125.9 h 的辐射量约为高原上运行 1 年的辐射量。

本次试验样品为从同一块原始 HTV 硅橡胶裁剪而来的 25 mm × 50 mm × 5 mm 的绝缘片，其表面呈红色。为保证试验的准确性，准备了两组完全相同的 HTV 硅橡胶样品，并同时进行实验，保证实验结果的准确性。每组样品分为 1 ~ 6 号，紫外光照射时间分别设置为 0 h、100 h、200 h、300 h、400 h、500 h，即每间隔 100 h 放入一号样品直至 500 h。老化结束后样品情况如图 6-2 所示，可以看出随老化时间增加，粗糙度逐渐增大，颜色逐渐加深变黑，硬度增大并出现裂纹。

以紫外光波长计算光子能量，可得本试验用高压汞灯的光子能量最高可达到 500 kJ/mol 以上，而主链 Si—O 键能为 446 kJ/mol，侧链上 Si—C 键能为 301 kJ/mol，甲基中 C—H 键能为 413 kJ/mol，根据紫外光子能量估计，在老化试验过程中，紫外能量可使得硅橡胶材料发生裂解。

图 6-2　老化结束后绝缘子表面图

为了解样品表面基团变化，洁净老化后样品表面，并置于清洁干燥环境中一段时间待其性质稳定，对其进行傅里叶红外光谱（FTIR）测试。以样品对角线的交点为中心点，中心点与各顶角连线的一半位置取出 4 个点，如此每个样品取出 5 个采样点，对其进行 FTIR 光谱采集，每个样品得到 5 组谱线，分别对谱线取平均值后不同老化等级样品的 FTIR 谱线如图 6-3 所示。

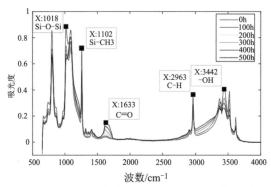

图 6-3　不同老化时间样品的 FTIR 平均谱线

由图 6-3 可以看出，在波数为 $600 \sim 4\,000\ \mathrm{cm^{-1}}$ 傅里叶红外光谱上，随着老化时间的增加，没有产生新的峰，且各个峰的位置在横向上没有发生偏移，但几个代表基团对应的吸收峰峰高和峰面积均发生变化，即其相对含量随老化时间增加而发生改变。其中硅橡胶主链基团 Si—O—Si、侧链基团 Si—CH3、甲基中 C—H 键以及材料中的羟基都随老化时间增加而呈现下降趋势，其相对含量与老化程度呈负相关；而 C═O 键则呈现上升趋势，其相对含量与老化程度呈正相关。硅橡胶复合绝缘子主要成分为聚二甲基硅氧烷，分子中甲基基团对称分布于主链两侧屏蔽了 Si—O 键的强极性，整个材料对外呈现良好的憎水性。而老化后化学键发生断裂，改变了原有的对称长链分子结构，材料表面物质结构改变，使得老化后样品憎水性降低，因此憎水性可作为表征老化程度的一个宏观参量。

对样品表面进行憎水性测试以及外观颜色、粗糙度等宏观量的统计。由于目前对于复合绝缘子老化程度尚无明确定量划分的标准，因此研究中主要结合每个老化时段期间，FTIR 图谱中基团相对含量变化情况，并依据测量的表面憎水性和外观形貌进行样品老化程度的标定。按此方法，各样品的老化程度划分如表 6-1 所示。可以看到老化 500 h 的样品喷水分级已为 HC4，此时绝缘片已经是半亲水半憎水状态，老化继续加深将完全亲水，其性能已不再满足实际运行要求，因此研究中将老化程度 HC4 设为最高等级。

表 6-1 复合绝缘子样品老化程度

样品	喷水分级	外观形貌	FTIR 图谱结果	老化程度
0 h	HC1	全新	全新	1
100 h	HC1	光泽度减小	—OH 下降快，其余也有大幅变化	2
200 h	HC2	变硬、粗糙度增加	主链断裂最多	3
300 h	HC2	硬度增加、粗糙度增加、光泽变暗	主链断裂最多，C—H 也断裂较多	4
400 h	HC3	除上，颜色加深变黑	—OH 下降最快	5
500 h	HC4	硬、黑、裂纹多	—OH 下降最快	6

不同老化等级的样品，其基团含量和物质构成有差异，而高光谱图谱能够反映物质成分和含量引起的微观差异。故使用高光谱采集不同类别样品的近红外光谱图像，结合 FTIR 图谱进行高光谱谱线响应机制分析。

6.2 高光谱检测绝缘片老化程度原理

高光谱是一种反射光谱，不同物质对不同频率光的吸收和反射不同，每种基团只吸收某种特定频率的光，因此在高光谱谱线上表现出"指纹效应"。而老化程度不同其物质成分和结构必然不同，导致其近红外光谱会产生差异，基于此利用高光谱技术对样品进行检测。通过高光谱试验平台对不同老化程度样品进行光谱信息采集，由于存在噪声干扰与光线散射影响，对数据进行校正处理，再对每个样本所有谱线取平均，期望得到最能表征样本表面状态的谱线进行分析。

6.3 高光谱老化程度诊断模型

6.3.1 绝缘片老化光谱特征提取（谱线结果分析）

通过高光谱试验平台对洁净后的老化样品进行图谱采集。该试验采用高光谱试验平台，如图 6-4 所示，该平台主要由高光谱成像仪、校正白板、补光灯、计算机及配套软件组成。高光谱成像仪内有光学机械扫描器，可对样品进行线性扫描成像，成像波长范围为 900 ~ 1 700 nm，波谱分辨率为 3.6 nm。标准校正白板对该波段的光全反射，本身反射率为 1，可用于后续对样品图像做黑白校正。

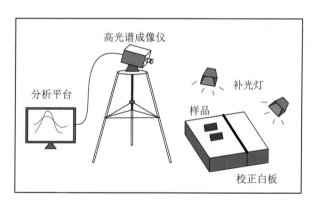

图 6-4　高光谱试验平台模型图

在使用高光谱成像仪对样品光谱图像进行采集后，得到的原始数据是对光的绝对反射值，噪声影响大，同时相机内暗电流的存在也对结果有影响，应当对采集到的光谱信息进行区域矫正。因此，扫描标准白板，得到反射率为 1 的全白定标图像，再盖上摄像头盖获得反射率为 0 的全黑定标图像，对其进行黑白校正。

正由于光线在物质表面发生反射的同时，会有部分发生散射，故除进行黑白校正外还需进行散射校正。

为了尽可能消除散射的影响，增大光谱信噪比，对图像进行黑白校正后，进一步提取样品谱线进行多元散射校正。在软件中选择每个老化样品的感兴趣区域，每个样品随机选择 40 个不同区域，即每个样品得到 40 条谱线，6 个样品共得到 240 条谱线，如图 6-5 所示。

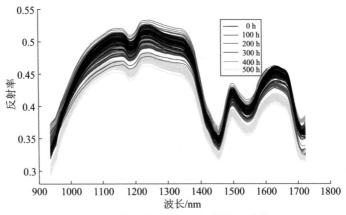

图 6-5　6 个样本共 240 条谱线的谱线图

多元散射校正的基本原理是逐一求不同样品所有采样点的平均光谱，并以此作为标准光谱，使每个样品的光谱与其各自标准光谱进行一元线性回归运算，获得所有样品相较于标准光谱的线性平移量和倾斜偏移量，并以此修正每条光谱的基线平移和偏移，提高光谱信噪比。

图 6-6 为经过黑白校正和多元散射校正后的光谱图。可以看到相同老化时间的谱线被校正到同一基线附近，减小了散射影响，物质本身的光谱吸收信息在数据处理过程中未发生改变。但从图中可看出同一老化时间的样品，其不同采样区域谱线仍然表现出不同，反映了同一老化样品的老化程度存在一定的不均匀性。

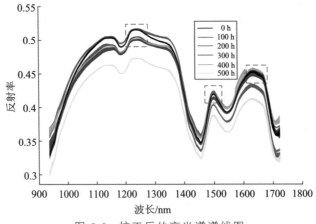

图 6-6　校正后的高光谱谱线图

6.3.2 老化样本的光谱诊断

由于校正后谱线仍有部分重合区域，如图 6-6 中红色虚线框部分，不同老化时间的谱线簇出现交叠，为了便于观察各老化程度在谱线上的响应情况，对校正后的每个样品的 40 条谱线取平均，最后获得 6 条不同老化程度的平均谱线图，如图 6-7 所示。

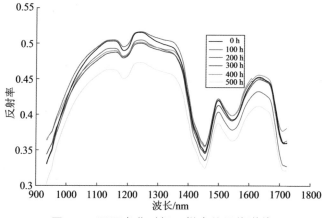

图 6-7 不同老化时间下样本的平均谱线

从图中可以看出，在整个波段范围内，反射率基本趋势是随着照射时间的增加而呈现逐渐下降的状态。结合傅里叶中红外光谱，依据基频与倍频的关系，高光谱整段谱线出现的几个波峰波谷可以解释为：1 150 ~ 1 250 nm 附近为 C—H 基团三倍频特征吸收带，1 400 ~ 1 500 nm 附近为—OH 二倍频特征吸收带。通过对该波段范围内高光谱谱线吸收峰面积的计算，可获得 C—H 和—OH 的吸收峰面积变化情况，如图 6-8 所示。可以观测出紫外老化后样本的 C—H、—OH 基团逐渐减少，结合 FTIR 光谱，样品部分化学键发生断裂，原高聚物分子链受到破坏，可以推断 HTV 硅橡胶随着紫外照射时间的增加，其憎水性等性能受到影响，表面老化程度加深。为了能够更加快速准确地预测绝缘子表面老化程度，建立基于 DELM 的老化程度评估模型，实现对待测样本表面老化程度的评估。

相较于单层感知机（Single Layer Perceptron）和支持向量机（Support Vector Machine，SVM），极限学习机（Extreme Learning Machine，ELM）对反向传播算法（Backward Probagation，BP）进行了改进，在学习速率和泛化能力上具有明显优势。HUANG G B 等人提出利用 ELM 构建极限学习机-自动编码器（简称 ELM-AE），并以一次最小二乘法替换 AE 中的梯度下降法，拥有极快的训练速度。ELM-AE 由输入层、隐含层、输出层构成，包括编码与解码，其输入等于输出。当隐含层节点数小于输入层节点数时，将会对输入数据维度起到一种"压缩"效果，从而实现无监督特征提取。

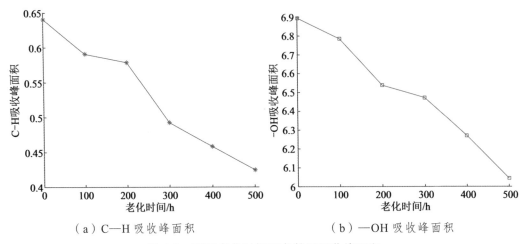

（a）C—H 吸收峰面积　　　　　（b）—OH 吸收峰面积

图 6-8　不同老化时间下各基团吸收峰面积

当隐含层激活函数为 g，输入为 $\boldsymbol{X}$ 时，隐含层输出：

$$\boldsymbol{H} = g(\boldsymbol{WX} + b)$$
$$W^{\mathrm{T}}W = E, b^{\mathrm{T}}b = E \tag{6-2}$$

式中，W，b 分别是输入层到隐含层的正交随机权重与正交随机偏置，则隐含层到输出层权重为

$$\beta = \left(\frac{E}{C} + \boldsymbol{H}^{\mathrm{T}}\boldsymbol{H}\right)^{-1} \boldsymbol{H}^{\mathrm{T}}\boldsymbol{X} \tag{6-3}$$

其中，C 为正则化系数。

而深度极限学习机首先采用 ELM-AE 进行逐层预训练，然后利用训练好的 ELM-AE 初始化 DELM，与其他深度学习方法的不同之处在于，DELM 没有反向调优的过程，其模型结构如图 6-9 所示。DELM 前 $i-1$ 层权值由 ELM-AE 输出层权重 β 构成，第 i 层为分类层，分类层权重计算公式为

$$\beta_{\mathrm{class}} = \left(\frac{E}{C} + \boldsymbol{H}_{i-1}^{\mathrm{T}}\boldsymbol{H}_{i-1}\right)^{-1} \boldsymbol{H}_{n-1}^{\mathrm{T}}\boldsymbol{Y} \tag{6-8}$$

其中，$\boldsymbol{H}_{i-1}$ 为第 $i-1$ 层隐含层输出；Y 为类别标签。

可以看出，前 $i-1$ 层为无监督特征学习，第 i 层为 ELM 监督分类。

使用 DELM 进行样品表面老化状态分类,输入矩阵 X 即高光谱各波段反射率数据矩阵,就可以进行无监督特征学习,直接训练出分类模型,再用训练出的模型对测试数据进行测试,输出矩阵 Y 为 6 种不同老化程度的预测值。

此处原始光谱包含 6 类 240 组样本点和 224 个波段,即输入矩阵有 224 维,采用 PCA 算法对数据进行预处理,使原始数据失去相关性。在 240 组样本数据中每类选取 30 组数据共 180 组作为训练数据,建立 DELM 的分类模型,再将剩余的每类 10 组数据作为测试集,用以测试 DELM 模型的分类效果。

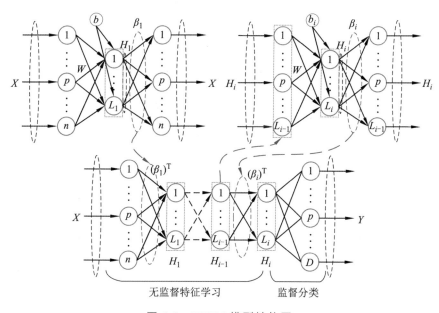

图 6-9　DELM 模型结构图

测试集的分类效果如图 6-10 所示,可以看出共 60 个样本测试点中只有 2 个点分类错误,模型分类准确率达到 96.67%,且整个模型的训练时间以及测试时间合计仅 3.62 s,速度快,效果好。因此,DELM 分类模型可以很好地实现绝缘子表面老化程度的分类识别。

对此全波段数据同时采用 SVM 和 BP 的分类模型进行紫外老化程度的划分,选取同样的训练集输入模型进行模型训练,再输入相同的测试集,检测模型的准确率并对模型训练和测试进行计时,观测对于此类数据不同算法的用时长短,并与深度极限学习机分类模型进行比较,比较结果如表 6-2 所示。

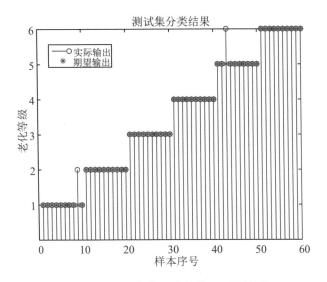

图 6-10　不同老化程度绝缘子预测结果

表 6-2　算法效果比较

算　法	时　间/s	准确率
SVM	7.76	（52/60）90.00%
BP	2.35	（50/60）83.33%
DELM	3.62	（58/60）96.67%

　　SVM 分类模型在计算过程中，耗时 7.76 s，准确率 90%；BP 分类模型耗时 2.35 s，准确率为 83.33%；本节所用 DELM 分类模型耗时 3.62 s，准确率为 96.67%。结果表明，SVM 处理数据量大的老化数据时速率较低，总体准确率较好但仍低于 DELM。BP 对于维度高的数据泛化性能不高，在数据处理时需强制减少算法中的循环次数，耗时虽少，但误差较大，准确率降低。总体而言，DELM 分类模型能够在较短时间里达到较高的准确率，在学习速率和泛化能力上具有优势，可以快速准确地对不同紫外老化程度的复合绝缘子进行分类，可对绝缘子老化程度的在线检测提供技术参考。

高光谱遥测技术现场应用

7.1 建立污秽检测模型

7.1.1 试验样品制备

参考某直流工程绝缘子型号,选取 50 mm × 50 mm 钢化玻璃片作为人工样品基材。根据标准 GB/T 22707—2008 中介绍的浸污法,分别配置不同电导率(单位为:西门子/米)的标签样本、测试样本污秽溶液,进行浸污操作,使人工污秽均匀附于钢化玻璃片上,得到试验样本。

结合技术研究报告对某地区绝缘子污秽成分检测结果,选用 SiO_2、$Al_2O_3 \cdot SiO_2$、$CaCO_3$ 作为不溶污秽主要成分,比例为 3:1:1;选用 $NaCl$、$CaSO_4$ 可溶污秽主要成分,比例为 3:1。

试验样本包括标签样本和检测样本,标签样本有 4 个,分别为 B1、B2、B3、B4,分别由配置 1 S/m、2 S/m、4 S/m、8 S/m 的不同电导率污秽溶液通过浸污法得到,对应污秽等级 a、b、c、d,灰密均为 0.10 mg/cm²,盐密分别为 0.02 mg/cm²、0.05 mg/cm²、0.10 mg/cm²、0.20 mg/cm²。检测样本同样制备 4 个,分别为 C1、C2、C3、C4,在保持灰密均为 0.10 mg/cm² 的基础上,配置电导率为 1.5 S/m、2.5 S/m、5 S/m、9 S/m,运用浸污法分别得到测试样品,测得盐密分别为 0.03 mg/cm²、0.06 mg/cm²、0.11 mg/cm²、0.21 mg/cm²。浸污后,将试验样本置于阴凉干燥处,得到人工污秽样本,如图 7-1 所示。

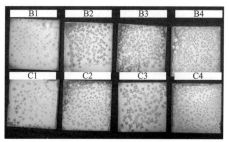

图 7-1　人工污秽样品

7.1.2　光谱数据采集

人工污秽样品高光谱数据可通过室内光谱数据采集系统获得，室内采集系统主要设备包括暗室、高光谱仪及反射率为 99% 的标准校正白板，暗室由灯架及吸光布组成，如图 7-2 所示。图像采集过程中，将高光谱仪以垂直俯拍的方式安装于暗室上端，保持镜头距样本 100 cm，灯架上 8 个模拟日光光源对试验样品均匀补光。

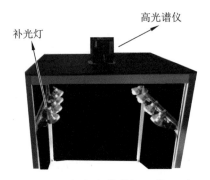

图 7-2　室内光谱数据采集系统

7.1.3　光谱数据处理及检测模型建立

获得绝缘子高光谱数据后，首先对数据进行预处理，包括数字量化值校正、黑白校正及多元散射校正等。校正过后，选取标签集样本感兴趣区域，其中每个污秽等级各 45 个，共 180 个；选取测试集样本感兴趣区域，每个污秽等级各 15 个，共 60 个。

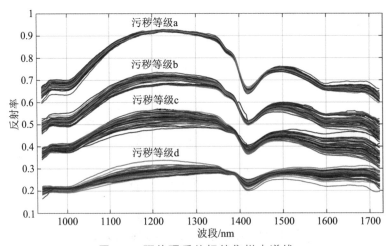

图 7-3　预处理后的标签集样本谱线

根据处理后的数据可以看出，随着污秽等级的提高，谱线的幅值整体呈现下移的趋势，且 1 000 ~ 1 400 nm 波段反射峰随着污秽等级的提高而减小。

高光谱技术有着信息丰富这一优势，但这同样也为数据处理带来了一定的问题。光谱维度有 224 个波段，这导致了原始数据中冗余信息的存在。因此，在建立模型之前，本节选择连续投影算法对数据进行特征波段选取，去除冗余信息。

作为一种常用的变量筛选方法，连续投影算法依据向量的投影分析找寻最优变量组合。该算法能够使谱线向量间的共线性达到最小，并且能有效减少建立判别模型所需要的变量个数，提高建立模型的效率。标签样本数 100，波长数 224，形成一个 100×224 的光谱矩阵 X，初始迭代向量为 $x_{k(0)}$，需要提取的波段个数为 N。连续投影算法从一个波段开始，依次计算其在其他没有选中的波段上的投影，然后将投影向量最大的波段选为特征波长，循环 N 次。

代入不同 $k(0)$ 和 N 进行计算，其中，$k(0)$ 的取值范围为[1, 100]，N 的取值范围为[1, 224]。每进行一次运算，需运用"留一交叉验真法"，对所选取的波段组合进行多元线性回归分析，计算出交叉验证均方根误差（RMSECV），选取 RMSECV 最小的波段组合。

连续投影算法的处理结果如图 7-4 所示，经连续投影算法误差分析，确定了特征波段数目为 20 个，分别为 948.2 nm、965.8 nm、972.8 nm、997.3 nm、1 092.0 nm、1 116.6 nm、1 137.7 nm、1 155.2 nm、1 200.9 nm、1 260.7 nm、1 292.4 nm、1 331.1 nm、1 352.2 nm、1 376.9 nm、1 426.2 nm、1 450.9 nm、1 546.2 nm、1 577.9 nm、1 616.9 nm、1 701.7 nm。提取的特征波段所重构的污秽等级标准谱线，保留了原始谱线的特征，能够作为污秽等级检测的基准。

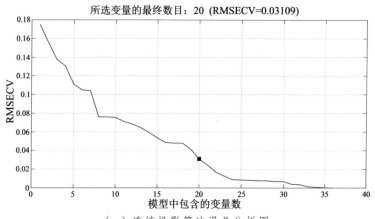

（a）连续投影算法误差分析图

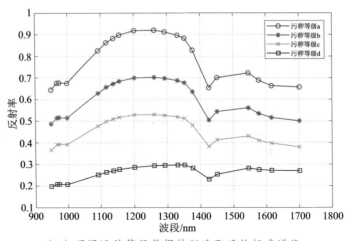

（b）不同污秽等级数据特征选取后的标准谱线

图 7-4　连续投影算法特征波段提取结果

本研究选用 SVM 支持向量机及 KNN 为检测模型核心算法，对比分析特征波段选取前后基于两种算法所建立的检测模型的检测效果。

支持向量机（Support Vector Machine，SVM）是将其建立的分类超平面作为决策曲面，使正例和反例之间的隔离边缘最大化。由于 SVM 能较好地解决小样本、非线性、高维数和局部极小点等实际问题，本研究将 SVM 理论引入绝缘子污秽等级划分问题，考虑到此问题是多值分类问题，因此，设计了"一对一"SVM 多值分类器。SVM 分类器的精度与它所选的内核函数及参数有着密切的关系。本研究采用交叉验证（Cross Validation，CV）的方法，确定 SVM 模型中的最优惩罚参数 c 和 gamma 函数参数 g，有效避免了过学习和欠学习的问题。经交叉验证确定优惩罚参数 c 为 32，gamma 函数参数 g 为 32。本次研究为四分类问题，分类目标为 4 个污秽等级。由于待研究对象谱线在整个波段反射率都有明显特征，因此，分别将高光谱采集的 224 个波段的反射率值及特征提取后的 20 个波段反射率值作为输入，输出为测试样本数据的划分结果。

如图 7-5 所示，（a）为基于全波段数据建立的 SVM 检测模型检测结果，其中污秽等级 a 中 9 号样本被错分为等级 b；污秽等级 b 中 24、26 号样本被错分为等级 a；污秽等级 c 中 40 号样本被错分为等级 d，43、45 号样本被错分为等级 b；污秽等级 d 中 50、52 号被错分为等级 c，59 号样本被错分为等级 b，共错误 9 个，准确率为 85%。

图 7-5（b）为基于特征波段数据建立的 SVM 检测模型检测结果，其中 25 号样本被错分为等级 c，33 号样本被错分为等级 b，48 号样本被错分为等级 c，准确率为 95%。

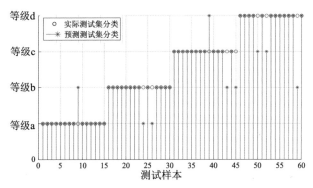

（a）基于全波段谱线的检测结果

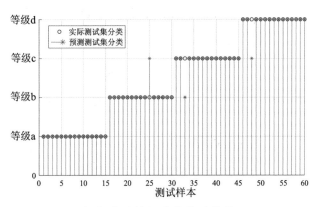

（b）基于特征波段检测结果

图 7-5　SVM 模型检测结果

　　KNN（K-Nearest Neighbor）算法，即 K 最近邻算法，存在一个训练样本集合。该集合中每行数据包含多个特征和分类标签，输入没有标签但有多个特征的新数据，将新数据的每个特征与样本中每条数据对应的特征进行比较，然后提取出样本中与新数据最相似的 K 条数据。统计该 K 条数据中各类标签出现的次数，出现次数最多的标签即为新数据的分类标签。K 值选择是 KNN 算法的关键，K 值选择对近邻算法的结果有重大影响。K 值的具体含义是指在决策时通过依据测试样本的 K 个最近邻"数据样本"做决策判断。K 值一般取较小值，通常采用交叉验证法来选取最优 K 值，也就是比较不同 K 值时的交叉验证平均误差，选择平均误差最小的那个 K 值。

　　本研究分别将高光谱采集的 224 个波段的反射率值及特征提取后的 20 个波段反射率值作为输入，输出为测试样本数据的划分结果，如图 7-6 所示。每个污秽等级 15 个样本，共 60 个样本。

基于全波段所建立的 KNN 检测模型检测结果如图 4-6（a）所示，污秽等级 a 样本中 4、12、13 号样本分别错分为等级 d、等级 c、等级 b；污秽等级 b 样本中 5、13 被错分为等级 c，14 号样本被错分为等级 a；污秽等级 c 样本中 13 号样本被错分为等级 d；污秽等级 d 样本中 2、13 号样本被错分为等级 b，9 号样本被错分为等级 c，共错误 10 个，准确率为 83%。

基于特征波段所建立的 KNN 检测模型检测结果如图 4-6（b）所示，污秽等级 a 样本中 4、13 号样本分别错分为等级 d、等级 b；污秽等级 b 样本中 5 号样本被错分为等级 c，14 号样本被错分为等级 a；污秽等级 c 样本中 13 号样本被错分为等级 d；污秽等级 d 样本中 2 号样本被错分为等级 b，9 号样本被错分为等级 c，共错误 7 个，准确率为 88%。

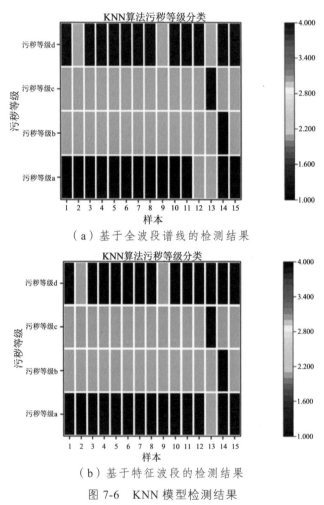

（a）基于全波段谱线的检测结果

（b）基于特征波段的检测结果

图 7-6　KNN 模型检测结果

结合上述研究，模型检测效果对比如表 7-1 所示。可以看出，SVM 检测模型检测效果好于 KNN 检测模型，且经过 SPA 特征提取后，一定程度上消除了高光谱数据的冗余程度，检测效果明显提升。因此，可选用 SPA-SVM 检测模型进行现场应用。

表 7-1　检测模型效果对比

准确率	基于全波段数据	SPA 提取特征波段
KNN 检测模型	83%	88%
SVM 检测模型	85%	95%

7.2　现场应用

7.2.1　现场数据采集

数据采集的时间为 2021 年 3 月 20 日，地点为直流 881 号杆塔。

使用无人机搭载近红外光谱仪，通过平板连接无人机获取飞行视线，从而进行飞行路线规划。操作无人机飞行至检测线路杆塔上空进行绝缘子近红外光谱图像拍摄，因现场采集近红外光谱图像的杆塔所处位置地形复杂，植被覆盖区域较大，为保证仪器的飞行安全，先飞至一定高度，再根据镜头所传送回的图像进行高度和位置调整，寻找最佳拍摄位置。现场遥测系统如图 7-7 所示。

图 7-7　现场遥测系统

受电池容量影响，无人机单次飞行时间最长约为 15 min，由于现场拍摄受自然光照影响较大，每次飞行取图间隔时间较长，为保证数据的真实可靠，每次飞行前均需拍摄校正白板光谱图像作为当次所拍摄光谱图像的校正白帧，如图 7-8 所示。

图 7-8　采集白帧数据

与实验室内近红外光谱图像拍摄校正流程不同,进行现场绝缘子光谱图像采集时,需使用灰度 40% 的灰布进行大气校正,以减少大气环境对检测数据的影响。将灰布平铺于地面,无人机起飞后于灰布正上方拍摄灰布光谱图像（见图 7-9）,提取灰布区域光谱数据进行大气校正。

图 7-9　采集灰布数据

自然积污绝缘子所在杆塔距离无人机人工操控地点距离较远,且无人机无法自动避障，凭借肉眼及无人机传送视角难以确定无人机与输电杆塔间的准确距离。经多次测试，无人机距杆塔的最小安全距离约为 10 m，且拍摄镜头与杆塔绝缘子呈 45°拍摄最为合适，拍摄范围较大，安全隐患较小。

7.2.2　现场绝缘子污秽检测

现场绝缘子高光谱数据与实验室内数据采集环境不同，在进行高光谱数据预处理后，考虑到自然光、水分、空气等因素，会使用大气校正，进而获取数据真实的 DN 值信息。

将经过光谱常规预处理方法——黑白校正和多元散射校正（MSC）处理及大气校正后的光谱数据进行环境因子校正，旨在将不同拍摄情况下获取的谱图信息转换到同一标准下进行检测。

深度残差卷积自编码是在残差学习与 DnCNN 的基础上提出的一种针对高光谱谱线、基于噪声学习的一维卷积降噪自动编码器，将各种条件下的数据映射为标准数据。对输入光谱谱线与标准谱线的偏差，采用卷积神经网络通过多层多个卷积核对其进行深层特征提取和编码器连接权重计算；利用反卷积对降采样后的压缩数据进行解码重构；学习模拟出偏差在不同拍摄情况下的分布情况。

根据现场高光谱遥测数据（见图 7-10），运用 ENVI 在绝缘串位置处分别选取 20 个感兴趣区域作为检测样本，并提取感兴趣区域各像素点谱线信息。将谱线信息经过校正处理后，运用连续投影算法（SPA）提取特征波段，将感兴趣区域每个像素点特征波段信息输入检测模型，判断区域内所有像素点的污秽等级，进而评定区域污秽等级。检测结果如表 7-2 所示，可以看出绝缘子污秽等级普遍处于污秽等级 b。

图 7-10　提取感兴趣区域

表 7-2 检测结果

样本序号	1	2	3	4	5	6	7	8	9	10
等级 a	14	3	2	1	12	1	15	1	0	11
等级 b	4	12	11	13	1	11	1	14	12	0
等级 c	1	1	0	0	0	1	1	1	0	1
等级 d	0	0	0	1	0	0	0	0	1	1
判定结果	a	b	b	b	a	b	a	b	b	a
样本序号	11	12	13	14	15	16	17	18	19	20
等级 a	1	1	3	4	3	4	5	2	2	.1
等级 b	13	1	12	11	12	11	10	11	0	1
等级 c	1	12	0	0	0	1	1	0	12	13
等级 d	1	1	0	1	1	0	0	1	1	1
判定结果	b	c	b	b	b	b	b	b	c	c

参考文献

[1]　苏奕辉. 架空输电线路隐患、缺陷及故障表象[M]. 北京：中国电力出版社，
　　　　2015.

[2]　王晓建. 输电线路典型缺陷处理和隐患排查[M]. 北京：中国电力出版社，
　　　　2019.

[3]　黄新波,等. 实时高光谱图像处理研究[M]. 成都:电子科技大学出版社,2016.